스케치로드 18,000 마일

sketch Road

서쪽으로 떠나는 건축 스케치 기행

유럽 · 터키 · 이집트 편

전 봉 진 지음

Spacetime

감사의 글

먼저 부끄러운 글과 졸렬한 낙서에 흔쾌히 지면을 내주시고 멋진 책으로 거듭나게 정리해주신 시공문화사 임직원들께 감사드립니다.

이번 여행을 결심하고 실행하는데 있어 전적인 지원과 격려를 보내주신 임진우 본부장님께 다시 한번 감사드립니다. 회사 임원분들을 직접 설득하시고 복잡한 행정 절차를 손수 처리해 주셔서 모든 것이 수월하게 이루어 질 수 있었습니다.

일개 사원의 장기 휴직과 복직을 흔쾌히 허락해주시고 기회를 주신 문진호 사장님과 정림건축 임직원 여러분, 또한 마침 해외 출장을 가셔서 결재를 수월케(^^;;) 해주시고 복직 때는 또 열정적(?)으로 환대해주신 백문기 사장님의 열린 마음에도 깊은 존경을 표합니다.

인생의 결절점에서 분투 중이며, 친구의 부끄러운 낙서를 항상 '작품'이라고 추켜 세워주며 용기를 내게 해준 나의 친구들, 문군, 서군, 방군의 변하지 않는 우정과 신뢰에 진심으로 감사의 말을 전합니다.

또한 인생의 기회와 많은 행복을 양보하고 희생해주신 가족에게도 말하지 못한 사랑을 전합니다.

끝으로 인생이라는 기나긴 여행의 길에 동반자가 되어준 나의 사랑, 아름다운 '5월의 신부' 오경미양에게 이 책을 바칩니다.

2009년 4월 동숭동에서
전 봉진 드림

Prologue...

客窓寒燈
객. 창. 한. 등

1년 전의 여행을 정리하며...
근 한달에 걸쳐 정확히 1년여 전의 여행을
정리했다.

1년만에 거의 까마득히 잊혀졌던 그 길
위의 스산함이 한줄 한줄 되살아나
그만 다시 한겨울의 바람 불던 대평원 위에
혼자가 된 기분이 되고 말았다.

비는 왜 그리도 많았던지... 또 스멀스멀
스며드는 냉기에 떨다 깨어난 새벽녘,
낯선 룸메이트의 코고는 소리와 습한 공기...
석양을 받으며 낯선 도시로 들어가는
길 위에서의 두려움,
비오는 저녁, 음습한 동유럽의 작은 도시의 창가에서 마시던 커피 냄새...

잠시 잊고 살았으나 그것들은 살며 지워지지 않고
어느 비오는 날 오후, 어느 늦은 귀가길 빨간불 앞에서 멈춰 섯을 때도,
봄으로 물드는 화창한 일요일, 사무실 창가에서도 불쑥 밀려와
나를 바닥없는 청승으로 물들게 할 것이다.

도망가는 것은 아니라고... 애써 부정하며 서둘러 떠났지만..
함께 부대끼기엔 너무나 지쳐버렸을 것이다.

그러나 길 위에서도 혼자일 수는 없었다.
애써 동행을 찾지도 않았고 그럴 이유도 없었으나
스스럼 없이 만나지고 곧 헤어지고...
하지만 잘가란 말 한마디면 족한 길 위의 만남과 이별...
두번 다시 만나지 못할 것도 서로 다 아는 것이므로
짓누르는 인연의 부담도 없는 것이었다...
어느새 1년이 지났구나...
아니 겨우 1년 전의 일이구나...

여전히 사람으로 힘들고 미워하고 좋아하고...
반복되는 것들, 나는 조금 더 현명해졌는가? 조금 더 어른이 되었는가?

'세상이 달라져 보이니?'
돌아온 날 회사 친구의 말에 화들짝 놀랐었지..
차마 '퍽이나...' 하지 못하고 쓴웃음만 짓고 말았지만...
사실 이 여행은 나의 세상에 마지막 기회였는지도 모르지.

며칠 전엔 잘 다니던 회사를 때려 치우고 나도 떠나겠노라고 또 한 친구가 날아갔다.
가기 전 한번 보자 해놓고 미루다 어느날 말도 없이 사라져 버린 녀석...
만약 만났다면... 아마도 희망을 얘기했겠지... 그건 희망임에 틀림 없는 것이지...

갑자기... 왜 그 묵은 스케치북을 다시 뒤적거릴 생각을 했냐고? 왜지?
죽진 않았나 보네... 봄이 되니 또 한번 싹이라도 틔워보고 싶었었나 부지?

다시 가보고 싶은 곳이 생겼다.
몽고의 대초원에 가봐야겠다. 언제가 될지 모르지..
이 징그런 인간들과 또 한판 찐하게 하고 나 마저도 나를 잡지 못하는 날...
난 몽고 타클라마하칸 사막에서 별을 보아야겠다. 초원에서 양젖을 짜야지...

이번엔 광활한 초원에서 빵에 고추장 찍어 먹으며 울진 말아야겠다.

http://blog.naver.com/bunker24 '서문' 에서 전 봉진

18000 mile

060206..PARIS..FRANCE

060208..SEBASTIAN..SPAIN

060209..SEGOVIA..SPAIN

060213..MADRID..SPAIN

060216..RISBOA..PORTUGAL

060219..GRANADA..SPAIN

060220..GRANADA..SPAIN

060221..ALMERIA..SPAIN

060222..VALENSIA..SPAIN

060227..ARLES..FRANCE

060228..ARLES..FRANCE

SKETCHROAD
TO THE WEST
18000MILE

WESTERN EUROPE

여행의 시작,
그리고 며칠들...

060206 BAYEUX. FRANCE.

차량을 인수받다...

어떻게든 파리를 벗어나기 위해 달린 것이 이름도 처음 들어보는
BAYEUX까지 왔다. 물론 어딘들 들어본데랴..
노르망디가 가까운듯 하다...

어찌 됐든, 제법 수월하게 낯선 길을 뚫고 첫날을 마무리하다. 숙소도 제법 깔끔하고 조용하다.
시골 동네답지 않게 거대한 성당을 등지고 선 너무도 조용한 유스호스텔이다.

삐그덕거리는 침대가 객창감을 더하고 옆방에서 나즈막한 전화 통화 소리가 들린다.

광활한 대평원에 시원하게 뚫린 길…
하루 종일 눈이 침침하다.
대지와 하늘의 경계도, 낮과 밤의 바뀜도 너무 흐릿하다.
2월의 북유럽은 낯섬과 냉냉함으로 나를 맞는구나.
숙소의 전등 마저도 흐릿해서 머리가 아플 지경이다.
태양의 콘트라스트가 너무도 그립다.. 내일은 남향이다. 태양의 나라로...

060207 SENTES. FRANCE.

들어보지도, 아니 어떻게 읽는지도 모르는 SENTES에서 묵어가다.
BORDEAYX까지 가기로 했으나 시간도 어중간한데다
어두워진 낯선 곳을 헤매기가 싫어서 일찍 닻을 내리다.

이 또한 만만치가 않아서 우리나라로 치면 왠만한 군청 소재지쯤 돼 보인다.
작은 시골 동네라 생각하다가 호되게 당한 꼴이다.

종일 500km를 넘게 운전을 하였으나 여전히 태양은 구경하지 못했다.
유럽대륙만한 구름 덩어리가 미동도 없이 대륙을 덮고 있는 듯...
엷게 새 나오는 빛도 없는, 완벽하게 두꺼운 구름이다.

북단 노르망디 해변에서 남향으로 550km.
기온은 다소 오른 듯 하지만 여전히 세상은 어둑하다.

아... 여전히 눈이 침침하다.
매운 것을 찾는 입 만큼이나 빛의 날카로운 자극을 찾는, 그리워 하는 눈이다.

060208. SEBASTIAN. SPAIN.

SENTES에서 부리나케 출발하다.
사발로 나오는 커피... 아침을 먹고 나오자 파란 하늘이 보이고 기분이 좋아지다.
잠깐 장을 보고 출발할 요량이었지만 막상 사고자 했던 것은 사지 못하고 빨래비누 두장과 made in China 글씨가 선명한 2.5유로짜리 알람시계, 빵 한봉지와 소시지 두개.

광활한 산림지대... 프랑스 목재가 여기서 나오는 가보다.
울창한 조림지 끝에 대서양이 펼쳐지고, 광막한 해변과 모래사장, 시즌이 끝난 해수욕장은 어디나 마찬가지 풍경이다. 간만에 다시 살아나는 사진 찍는 재미..

석양 속의 운전... 생각보다 끔찍하다. 서쪽으로 난 끝없는 도로를 달리기를 두어 시간...
미간에 쥐가 날 지경이다. 그렇게 들어선 St. SEBASTIA 스페인이다.
정신없이 시내로 들어와 지나가던 사람 4명에게 길을 묻고 숙소에 도착하다.
주소 한 줄 들고 여기까지 온 내가 자랑스럽다. 굶어 죽진 않겠어!

룸메이트는 잉글랜드 잉글리쉬 티쳐다. 스페인에서 강사자리를 구한단다.
영어 공부를 해야겠다. 아시아에 가라고 꼬드긴다.

거대한 대륙, 거대한 평야, 숲, 광활한 대서양과 새파란 하늘, 뜨거운 태양...
아마도 대륙적인 기질과 다혈질의 성미가 여기에서 기인한 듯 하다.

아름다운 것... 건물이 아니어도 좋다. 바다, 숲, 빛, 평야, 여인네, 예술, 나무와 이름없는 풀과 지붕들... 그것이 이번 여행의 과정이요 목적이리라...

여행 4일째, 참 오래된 듯 익숙해지고 편해지다.
긴장이 풀어지고 아침엔 똥도 잘 싸고 커피도 먹고 싶은 만큼 잘 먹고 있다.

비가 조금씩 오는 해변가를 거닐다 들어왔다.
호스텔 주인 영감이 음악을 들으며 졸고 있다.

세바스티앙에서 세고비아까지...

060209. SEGOVIA. SPAIN

made in China 글씨가 선명한 2.5유로짜리 알람시계... 알람은 끝내 울리지 않았다!

세바스티앙을 벗어나 다시 길 위에 서다.
스페인 북부지방의 거대한 산맥과 비탈에 늘어선 도로와 취락이 아찔하다.

빌바오... 게리의 구겐하임을 보다.
스타일을 떠나서 대단한 완성도에 놀라다.

하지만 미술관 스스로가 너무 시끄럽다.
거기 담긴 것들을 위해 조용한 벽이 되는건 어떨까?

허나 수장품 수만점보다 건물 한 덩어리가 대중에 어필하는 것이 강할 것이다.
두어 시간 둘러보고는 이내 흥미를 잃었다. 늦기 전에 다시 길을 나서다.

거대한 땅이다.
4시간을 내리 달려 겨우 세고비아에 도착하다.

하지만 4시간이 지루하지 않을 만큼 길은 아름다웠다.
코너를 돌 때마다 멈춰 서고 싶은 광활한 대평원이 눈앞에 펼쳐지고
길 위에서 달콤 쌉싸름한 외로움과 황홀한 풍경으로 힘껏 고양된 채 도취하다.

석양에 눈뜨기조차 힘들었지만 선글라스로 가리기 아까운 아름다운 풍경...
그 길 위에 다시 서고 싶어질 것이다.

세고비아다.
흘깃 본 모습으로도 흥미를 돋우다.
마드리드의 부속도시 정도 되나 보다.
유스호스텔도 캠핑장도 모두 문을 닫고 싼 호텔에 묵다.
도시 광장 한가운데를 가로 지르는 로마 수도교가 장관이다.
내일은 세고비아... 잠은 마드리드다.

nalds RESTAURANTE
NOVIAS
MAYORPIEL

RISBOA에서
들러붙는 인연...?

060213. MADRID. SPAIN

마드리드...점점 흥미 있어지다.
일본인 신야, 멕시코에서 온 미구엘, 그리고 약간 정신이 혼미한 혼다맨이 룸메이트다.
오토바이로 여행 중인 혼다맨은 가죽 슈트를 벗으며 연신 숨이 가쁘다. 있는 듯 없는 듯 조용한 일본 친구, 그리고 미구엘은 독서중이다.

조금 더 마드리드를 즐기게 되다.
레스토랑에서의 돼지고기와 베이컨, 맥주 한잔의 기쁨,,,
마드리드 밤거리를 말 안통하는 일본친구와 동행하다.

돈과 차의 노예가 되지 말자.. 조금 더 자유로워지자..
내일은 또 어떤 즐거운 일이.. 그렇게 조금 더 살아보자.. 뭔가 보이겠지.. ?

060214. MADRID. SPAIN

마드리드 2일차... 2개 미술관에 곤죽이 되다.
거대하다. 왕년의 시대를 풍미했던, 뭐 지금이라고 쇠락했다거나 뭐 한건 아니지.
스스로 자족하며 잘 살고 있다. 자부심의 근거랄까?
거대한 보물창고가 여전히 건재한 왕년의 명가랄까?

고야... 몇개의 유명한 그림들 이전의 지루한 그림쟁이...
그러나 말년에 스스로를 위한 그림을 그릴 수 있었던, 경이적인 힘, 너무나 현대적인, 이 말도 참 우습지...
현대회화가 성취하고자 했던 몇가지 중요한 주제를 그냥 의식없이 이루고 있었다.
평생을 누군가의 취향에 맞춰 그리던... 그리고 말년의 성취와 자유...

보르미오 씨센 뮤지움. 라파엘 모네오...

겸허한, 그리고 단단하고 정갈한,
외부에 치장하지 않으며 불필요한 디테일과 허세로운 재료를 배제한,
순수한, 주인공 자리를 내어 놓은 담백하고 단단한 조연,,,
명고수 명창이로세!

멕시칸 아저씨 미구엘과 포르투갈로 향하다.
다시 길 위에서 생각하자...

060216. LISBOA.
다시 상조르지 성이 보이다...

060216. RISBOA. PORTUGAL

리스본에 도착하다. 들어오는 길에서 바스코 다 가마 신시가지. 우연찮게 발견된, 알바로 시자.
아마도 내일은 시내에 들어가서 뭔가 찾아보자...

미구엘과의 인연은 조금 더 계속되었다.

파티마에서 리스본까지... 정이 많고 어른이다.
두 딸과 아들, 아들을 위해 자동차 하나 사고 좋아한다.
...
시내의 전망타워에 올라 도시를 관망하다.
바다 바람이 상쾌하다.

커피 한 잔... 멀리 성 조르지 성이 도시를 굽어 보고 있다.
아... 그림이 잘 안되니 속이 상하군...
아직 맘이 거칠다.

060217. RISBOA. PORTUGAL

리스본 시내를 둘러보다.
생각보다 좁고 협소한 구시가. 경사가 심하고 해변가는 공사중이다.
아마도 옛날의 영광과 낙천적인 성격이 현상을 만들고 있지 않나...

잡히지 않는 고기를 향해 낚시대를 드리운 낚시꾼...

우연찮은 인생의 고뇌와의 조우...
인연은 하루 더 연장될 듯...
다시 정이 들러붙다. 거부하진 않겠다.
긴 여정의 외로운 길에서 만난 흔치 않은 인연이다.

알함브라의 언덕 위. 구름과자 한 모금

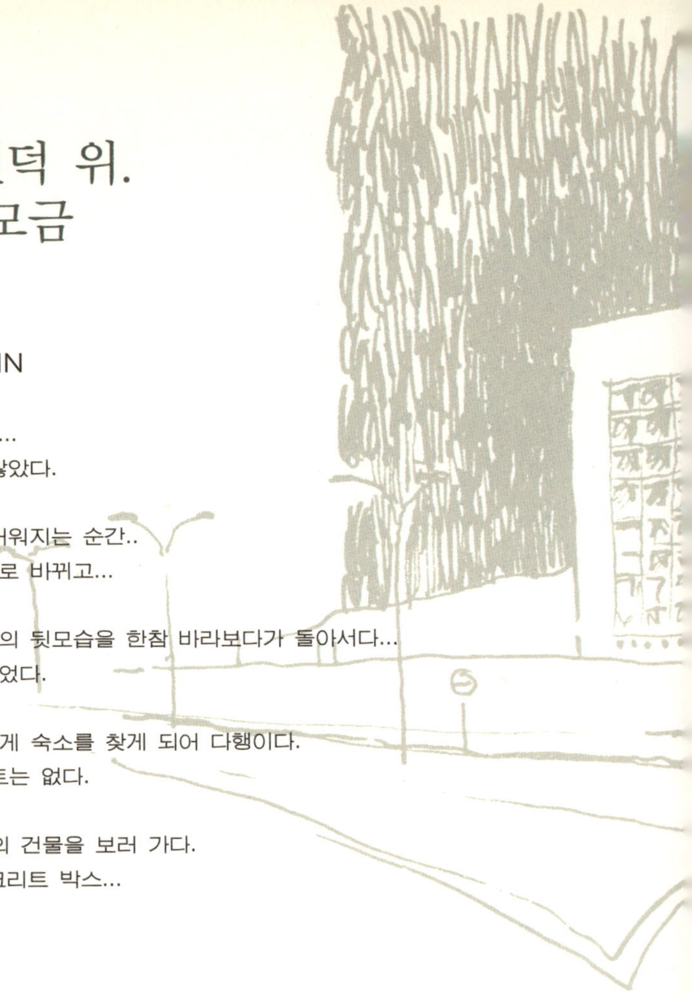

060219. GRANADA. SPAIN

세비야를 지나쳐 돌아서는 길...
아쉽지만 왠지 머물고 싶지 않았다.

정이 굴레가 되어 스스로 버거워지는 순간..
많은 고마움도 잠시 귀찮음으로 바뀌고...

투우경기를 보러 가는 미구엘의 뒷모습을 한참 바라보다가 돌아서다...
또 새로운 길 위에 혼자가 되었다.

비가 오락가락하는 가운데 쉽게 숙소를 찾게 되어 다행이다.
깨끗하고... 아직까지 룸메이트는 없다.

허겁지겁 정리하고 캄포베짜의 건물을 보러 가다.
우람하고 심플한, 육중한 콘크리트 박스...

마치 철옹성같은 담장 사이로 매력을 뽐내다.
한치의 오차없는 거대한 담장을 빙빙 돌았지만
끝내 들어갈 틈을 찾지 못하고 돌아서다.
그러니 더욱 들어가 보고 싶을 밖에...
홍보팀에 전화를 걸고 방문예약을 하다. 구하면 열리는 것이다!

구시가를 한참 걸어 뒷동산에 오르자 신천지다.
구름 사이로 강렬한 태양과 파란 하늘... 그라나다가 한눈에 펼쳐지고 왼쪽
능선에 '알함브라'가 자리잡다.

그림이 졸렬해지자 속이 상하다. 담배도 떨어지고...

내려오는 길에 잉글랜드 잉글리쉬 티쳐를 만나다.
무사태평하게 태양을 즐기며
허쉬에 취해 코끝에는 맑은 콧물이 방울방울이다.

눈보라, 사막,
그리고 중세 성채의 꼴라쥬

060220. GRANADA. SPAIN

비오는 알함브라...
종일 날씨가 오락가락하는 가운데... 알함브라를 방문하다.
간만에 설레어 연신 셔터를 눌러대다.

아름답다. 예쁘다. 멋지고 쿨하기까지 하다.
전통적이며 오히려 현대적인 성벽의 담백한 오프닝과 공간감 가득한 파티오...
그득한 수공간과 정원까지... 조금 더 알고 싶다.

씨에라 네바다 산맥의 발가락에 난 고운 털처럼
알함브라는 섬세하다. 그리고 독보적이다.

060221. ALMERIA. SPAIN

이른 아침부터 하늘을 보며 날씨 걱정을 하다. 부랴부랴 CAJA Bank Headquarter에 도착하다.
대단하다. 현대건축에서 이런 경이적인 엄숙함, 명쾌함은 흔치 않을 것...

기념비적이면서도 단순함. 합리적인 구조와 재료, 로직이 명쾌하다.
지극히 표현적인 것이 명쾌한 기능으로 합리화 되다.
그러면서도 인간을 압도하는 감동... 그러나 차갑지 않고 따뜻하다. 캬...

황송하게도 홍보실에서 두명의 여직원이 나와서 구석구석 가이드를 해주었다. 아마도 뭔가 착오가 있는 모양이다. 나의 절박함과 모자란 영어가 빚어낸 상황이 아닌가 싶다. 당연하다는 듯이 즐기고 명함 한장을 건네고 돌아서다. 당황하는 눈빛이 역역하다.

다시 알람브라 궁전을 보고자 서둘러 올라갔으나 이미 줄은 수백미터나 되보인다. 아쉽지만 커피 한잔으로 아쉬움을 달래며 길을 나선다.
고개를 넘어서자 눈천지였다.
간밤에 그리 차가운 공기에 바로 위에선 눈이 내리고 있었던 것...
그러고도 밑에서 날이 개기 만을 기다리다니... 바보다.
머리에 눈을 뒤집어 쓴 산맥 사이로 헤집고 한참 눈구경하다 내려오니 이젠 사막이다.
별천지가 따로 없다.
거대한 나라구나, 스페인... 부럽다.
사막 한가운데 우뚝 솟은 언덕배기에 거대하고 우람한 성채... la Colahora.
정신없이 언덕을 오르며 헥헥거리면서도 가슴이 설레었다.
무언지도 모르며 장관에 넋을 잃고 헐떡이다.

TV에서나 나올듯한 허름한 식당 BAR FERMIN. 융숭한 점심을 해결하다.

산맥의 반대편 GRANADA에서 찌뿌드드한 날씨와 추위에 우울해 하다 산맥을 넘어서자 거짓말처럼 하늘이 파랗다. 그리고는 사막이다.
흑인 머리처럼 보송보송한 잡목, 그리고 스스럼 없이 퇴화되 가는
산맥의 말단부가 강렬한 태양의 음영으로 꿈틀거리며 시선을 사로잡다.
마카로니 웨스턴의 촬영장소라는 TABERNAS 사막.
역시 높은 구릉 위에 아랍인들이 세운 성벽의 흔적이 스산한 감동을 주다.

그 밑의 작은 마을 TABERNAS.

우울한 바로셀로나…

힘들게 힘들게 바르셀로나에 도착하다.
숙소가 깨끗하나 너무 비싸고 무엇보다 주차장이
없는 것이 걸린다. 허름한 공사판 골목길에
로시를 세워두고 못미쳐 3-4번 보고 오다.
돈을 길거리에 뿌리고 다니다. 4박치 방값에
이것 저것 가히 200 가까이 쓰고 났더니
기분이 나빠졌다.... 허나 무언가, 무언가
나를 이리 이끌었다는 생각이 들자. 아니
생각하기로 했다. 불안하다... 무언가 좋은 일이
생길 것 같다.
Good Night. Rossi

060222. VALENSIA. SPAIN

종일 길 위에서 시간을 보내다.
나선 김에 바르셀로나까지 내지를까 고민하였으나 마침 내리는 비와 어둠에 그만
발렌시아에 여장을 풀다.
남은 350km를 오전에 이동하고 며칠 묵을까 생각한다.

넓다. 그렇게 황급히 움직였는데도 채 절반도 이르지 못하고
바다와 사막, 도시를 지나 비와 눈과 태양을 뚫고 다니다.

지나는 길에 들른 ALICANTE 대학의 몇몇 현대 건물들. 별 감흥을 얻지 못하고 지나치다.

많은 도시들을 그저 스쳐 지나가야만 하는 것이 너무 아쉽다. 어쩔 수 없으리라.

길 위에서의 시간이 길어지자 마음이 황급해지다.
바르셀로나에서 며칠 묵으며 마음을 정리하자...

060223. BARCELONA. SPAIN

힘들게 힘들게 바르셀로나에 도착하다. 숙소가 깨끗하나 너무 비싸고 무엇보다도 주차장이 없는 게 걸린다. 허름한 공사판 골목길에 로시를 세워두고 불안해 서너 번 보고 오다.

우울한 기분으로 개인 정비를 하다.
세탁을 하고 카메라 DATA를 백업하다.
옷을 갈아입고 샤워를 하고 장을 보고 내일 일정을 체크했더니 기분이 나아졌다.
다시 시작하는 거다. 발바닥에 다시 땀 좀 내보는 거다.

종일 추위를 느끼며 시내를 발발거리며 헤매다.
어디쯤 있는지, 방향도 모른 체 무작정 구시가를 헤매며 그렇게 하루를 보내다.

성당은 훌륭했으며 인간적인 냄새가 나는 성당의 중정에 노니는 거위떼에 웃음이 나다.
해변가 신도심의 몇몇 새 빌딩들을 보았으나 선뜻 들어가보고 싶은 마음은 내키지 않았다.
...약간은 소침해지다.

그렇게 헤매다 해가 떨어지자 잽싸게 들어와 저녁을 걸게 먹다. 몸이라도 챙겨야지...
성찬이었으나 왠지 씁쓸하다. 날이 썰렁하니 몸과 마음이 얼어붙어 좀체 의욕이 나지 않았다. 허나 오후가 되자 거리엔 관광객으로 넘쳐 나고
퍼포먼스하는 애들은 여전히 흥에 겨워 동전을 긁어 모은다.
날이 안 좋다고 풀이 죽은 것은 나 뿐인 듯...

060225. BARCELONA. SPAIN

간만에 날씨가 청명해지자 아침부터 설레발을 치다.
5년 만에 다시 사그라다 파밀리아를 찾다. 변한 것이 없는 것에 놀라고 역시 100년 더 걸려서 완공시킬 태세에 놀라다. 시내를 가로질러 말 그대로 도심을 가로지르는 DIAGNAL 대로를 걷다. 역시 5년 전 그날처럼 청명한 날씨와 바람, 참 살만한 도시라는 느낌... 시원하게 기분 좋은 느낌.
콘돔을 닮은 거대한 원추형 랜드마크를 보고 사실 실소를 금치 못하다. 어울리지 않는 소박한 어프로치와 배치, 옹색한 랜드 스케이프, 공용공간과 규모에 걸맞는 기념비적인 성격이 전무한, 뭔가 앞뒤가 안맞는 느낌...

060226. BARCELONA. SPAIN.

일기예보는 정확했다. 아침부터 비가 내리다...
늦잠을 자고 늦은 아침을 먹다. 특별히 하고 싶은 게 없어지자 오늘은 하루 쉬기로 하다. 휴가중의 휴식이라... 오전에 주섬주섬 챙겨 입고 영화를 보러 가다. 뮌헨... 영화는 왠지 과잉이며 어중간 하다. 조금 더 냉정하고 치밀했어야지.. 너무 몸 사리는군... 씁쓸하다. 시끄럽던 녀석들 떠나다. 다시 빈 방이 되었다. 몇몇 일본 여자애들.. 성찬을 준비중, 거리낌 없다. 못생겼으나 건강하다. 내일은 어디로 가볼까나... 아를스... 길은 로마로 통한다. 네트는 광대하다.

바람부는 아를스...

060227. ARLES. FRANCE

바람이 거세게 부는 길을 따라 다시 북상하여 ARLES에 이르다.
생각보다 많은 유적과 풍부한 자연. 그리고 고대 박물관.
오는 길에 차가 들썩거릴 정도로 심한 맞바람이 불더니 여기가 바로 고흐가 들판에서 캔버스를 고정시키기 위해 말뚝을 박았다는 ARLES인가 보다.
내일은 로마의 전성기 흔적과 고흐의 뒷 자취를 따라 걸어 보리라.

060228. ARLES. FRANCE

맑은 날이었으나 찬바람에 몸 둘 바를 모르다.
여기저기 로마의 흔적들을 서성거리다 들어와 허망해 하던 차,
불란서 친구와 저녁을 먹게 되다.
영어를 능통하게 구사하는 건축학도... 눈빛이 선하다.
더하여 홍콩 아가씨들과 내일 같이 움직이기로 하다.

가는 길에 로마의 흔적들과 중세의 작은 도시들을 거칠 것이다.

조금 더, 조금 더...

로마의 웅장한 폐허들이 뭔가 꿈틀거리게 하다.
아마도 고전의 힘인가 보다.
조금 더... 로마에 가까워질 수록 더 느낄 수 있을 것.

060303. ...

혼자인 것과는 다른 느낌이었으나
황량해지는 느낌, 중심을 잃고 피폐해지는 느낌.
차라리 외로운 피곤함이 간절해지고

아... 함께 하는 건
이리도 어려운 것이다.
니스의 해변에 왔으나
바람 만큼이나 마음이 차갑다.
그림같은 해변이었으나
두 차이니스 걸들은 함께
하기엔 너무 피곤하구나...

060305.. FLOLENCE..ITALY

060306..SANGIMINANO..ITALY

060307..SIENA..ITALY

060308..ROME..ITALY

060309..ROME..ITALY

060312..NAPOLY..ITALY 060313..POMPEI..ITALY 060314..PASTUM..ITALY

060316..OLYPIA..GREECE

060317..PYLOS..GREECE

060318..ANCIENT MESSINI..GREECE

060319..MISTRA..GREECE

060321..GREECE

060322..MYCHENUS..GREECE

060323..ATHENS..GREECE

060324..ATHENS..GREECE

060325..ATHENS..GREECE

060327..SANTORINY..GREECE

060328..SANTORINY..GREECE

060329..SANTORINY..GREECE

060330..SANTORINY..GREECE

060331..ATHENS..GREECE

SOUTHERN EUROPE

로마에 이르는 황홀한 길.

060305. FLOLENCE. ITALY

아마도 이 도시에 일본 관광객이 10,000명은 될 것이다.
유스호스텔에도, 역에도, 광장에도, 넘쳐 나는 일본인들... '냉정과 열정 사이' 라는 영화가 히트했단다.

그러나 나에게 이 도시는 비우호적이다. 종일 내리는 비, 어렵게 찾아간 미술관은 밀려드는 인파로 예약이 끝났다. 피렌체 성당 앞에서는 귀신에 홀린 듯 야바위꾼에게 거금 100유로를 잃고 정신을 차리다. 그리고 이탈리아가 무서워졌다.
멍청이~!

060307. SIENA. ITALY

시에나 광장이다. 참 근사한 광장 하나로 10,000명은 먹고 살겠구나...
모든 길은 광장으로 통한다. 광장에는 관광객과 비둘기의 천국이다. 햇볕이 나면 사람들은 눕고 앉고 뛰어다닌다. 노천 카페에는 햇볕이 나는 곳만 사람이 바글거린다.
여름엔 반대일까?
아무런 시설이 필요 없다. 단지 비워진 공간과 적당히 위요하는 건물들, 이로써 도시의 중심이자 랜드마크가 되었다.

내일 작은 도시 2개를 거치고 로마에 다시 입성이다.
두번째 로마. 무엇을 보여줄 것인가...

두렵기도, 어렵기도 한, 그렇게 로마다.

며칠 정신이 혼미하여 방향을 잃었다.
그런 날도 저런 날도 있는 것이다.
이것이 길 위의 삶이다.

룸메이트 영감의 숨소리가 거칠다.
뭐 하는 사람인가...그의 역사가 궁금하다.

060306. SAN GIMINANO. ITALY

아침에는 꾸중하였으나 오전 중에 화창하게 개었다.
중세의 탑상형 도시... 서양건축사 교과서에서 가장 호기심을 자극했던 사진이다.
큰길에서 벗어나 오르막길에 접어들었을 때부터 찾기가 수월하였다. 이미 저 너머 정상에 우뚝 솟은 탑들이 눈에 들어온 것이다. 누군가 동양에서 찾아온 이방인을 발견하고 마을엔 소리 없이 경계태세를 갖췄을 것이다.

성문 밖에 주차를 하고 마을에 들어서다. 이곳은 중세 이후에 시간이 정지한 듯 하다.
돌 포장된 고즈넉한 길을 따라 광장에 이르자 드디어 탑들이 눈앞에 나타났다.
좁은 계단을 한참을 오르자
곧 장관이 펼쳐진다.

멀리 내가 지나온 길과 내가
나아갈 길들이 보이는 듯 하다.
이제 로마는 바로 코앞이다.

060308. ROME. ITALY

로마에 이르는 길은 쉽지 않았다.
'모든 길은 로마로 통한다' 더니... 그에 걸맞는 거대한 외곽순환도로, 지도를 보며 몇번을 연습했건만 결국 출구를 놓치고 길을 잃고 말았다. 물어 물어 되돌아 가기를 몇차례... 날이 어둑해진 뒤에야 숙소에 도착하다.
룸메이트는 미국과 독일 친구다.
미국 친구는 어디서 왔냐는 질문에 '미국' 이 아니라 '뉴욕' 이라고 대답한다. 그리고 세상이 다 미국 중심이냐고 따지고 드는 독일에… 약간 콤플렉스가 있는 듯 하다.

COLOSEUM.060309

060309. ROME. ITALY

로마 시내를 답사하다. 포룸과 콜로세움, 판테온을 휘휘 돌아 정처 없이 걷다.
두 번째 찾은 포룸과 콜로세움은 여전히 대단했지만 수많은 관광객과 거친 로마 사람들에 쉽게 싫증이 나고 말았다. 허적 허적 판테온을 찾아가 어둠 속에서 한참을 앉았다 돌아오다.

버스를 타고 멀리 외곽의 까따콤빠에 가보기로 하다.
오늘은 '초기 기독교의 유산' 순례다.
행운이 함께 하길!

한달이 지나고 며칠이 더 지나다.
많은 사람들과 잠깐 잠깐씩 만나고 헤어지고. 함께 움직이면 여러 가지 편하나 웬지 번거롭고, 혼자이면 풍요로운 느낌이나 다시 사람이 그립다.

막바지 꽃샘추위 정도 되려나...
전 이태리 반도가 구름과 비로 가득한 가운데
다행히 비는 더 오지 않을 듯...
조금 더 여유롭게 로마를 느껴보자!

겨울의 끝, 나폴리에서

060312. NAPOLY. ITALY

날이 갰다. 간만에 보는 태양이다.
간밤에는 냉기가 스멀스멀 기어 다녀
몇번을 깨었다.
꿈자리도 뒤숭숭하여 정신이 사납다.
오늘은 나폴리 시내를 여유롭게 돌아다니고 싶다.
어제는 비가 쏟아져 운전하기도 힘든 날이었다.
다행히 길 잃지 않고 한번에 호스텔 주차장에 차를
주차하고는 만세를 불렀다.
룸메이트는 세명의 제패니스... 정말 이번 달까지는 온
유럽에 가득하구나...
그러고 보면 3월이 끝나면 대학생은 보기 힘들겠군...
멀리서 기차소리가 들린다.

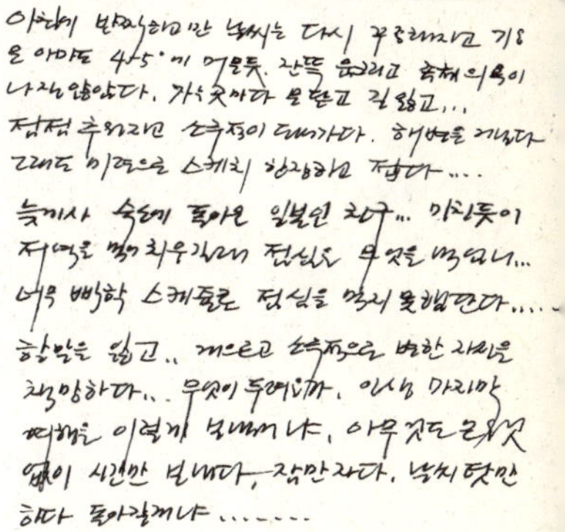

오늘은 3대 미항의 겨울을 관람해 보리라.
아침에 반짝하고 만 날씨는 다시 꾸중해지고 기온은 아마도 4-5도에 머무는 듯... 잔뜩 웅크리고 좀체 의욕이 나질 않았다. 가는 곳마다 문 닫고 길 잃고... 점점 추워지고 소극적이 되어가다. 해변을 거닐다. 그래도 미련으로 스케치 한장 하고 일정을 접다.

늦게사 숙소에 돌아온 일본인 친구… 미친 듯이 저녁을 먹어 치운다. 일정을 너무 빡빡하게 잡아서 점심 먹을 시간이 없었단다. 게으르고 소극적으로 변한 자신을 책망하다.
인생의 마지막일지도 모르는 여행을 이렇게 보낼 수는 없다. 다시 한번 마음을 다잡아야겠다.

060313. POMPEI. ITALY

오는 날부터 미친 듯 퍼붓더니, 결국 3일 동안 춥고 궂은 날씨.
미친 넘들처럼 운전해대는 차들과 폭발할 것 같은 시내 도로,
문 잠긴 인포메이션 센터, 동전 하나 준비하지 않고 문을 여는 건방진 직원 같으니...
3일 동안, 5명의 룸메이트는 모두 일본애들!
세계 3대 미항의 추억은 아쉽게 이렇게 끝났다.

간간히 뿌리는 비를 헤집고
폼페이를 헤매다, 헤매다, 헤매다...
날은 궂었으나 폼페이는 폼페이였다. 그들이 살아 있었다면 아마도 그들의 집을 들여다 보지 못했을 것이다. 죽은 자들에게 감사해야 하나…

중정과 소박한 벽화, 내부공간이 매력적이다.
신전과 공용공간을 짓고 바실리카와 작은 상점.
아마 날들은 온화하고 살기 좋았으리라.
멀리 베수비우스는 하얀 눈을 뒤집어 쓰고 잔인하게 웃고 있다.
그들의 주산이었을 베수비우스는 어느날 갑자기 배신을 때리고 독한 연기와 먼지를 퍼부었을 것이다.
이태리는 이것으로 끝이다.
두번째 이태리 역시... 좋은 기억이 되기는 힘들 듯... 시절이 좋지 않았다.

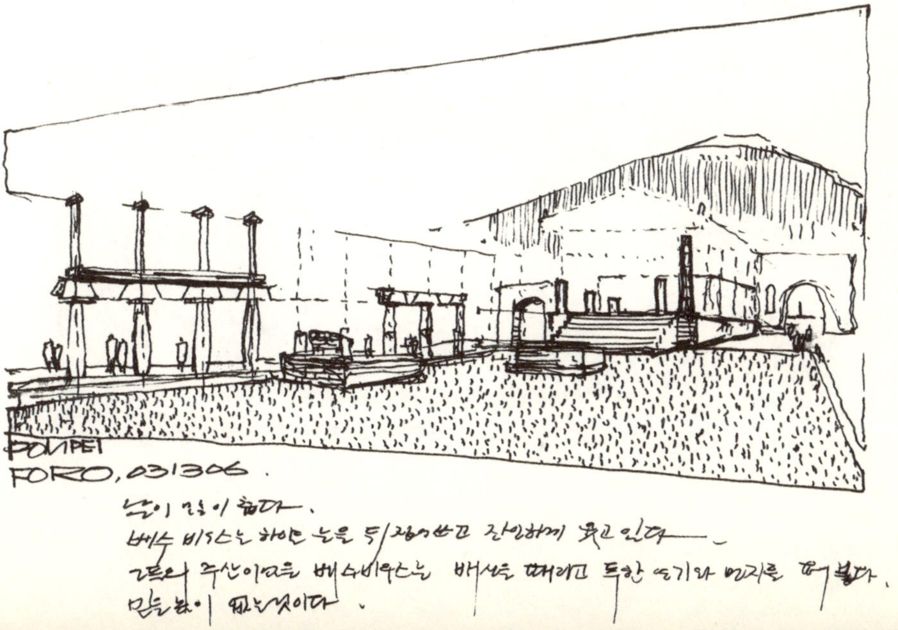

PASTUM의 폐허 위에서...

060314. PASTUM. ITALY

또 하나의 폐허 PASTUM에 이르다.
초기 도릭 양식의 중요한 유구로 다행히 보전 상태가 좋은 3기의 신전이 남아 있다.
그리스 식민지의 작은 도시로 아고라와 고대극장, 신전들과 주거의 흔적이 남아 있다. 세련되진 않았으나 뭉툭한 거대 구조물에서 원형적인 힘이 느껴진다.

기둥은 하나의 독립된 조각처럼 사위를 지배하고 서있다. 애초부터 그러했던 거석상 같이, 혼자 있으면 멋진 독립상이요, 열주로 있으면 그 자체로 조화로운 군상이다.

060315. PATRAS. ITALY

그리스행 배를 타기 위해 브린디시에 도착하다.
도시는 배가 뜨기 전에는 잠을 자는 듯, 모든 것이 멈추었다.

집에 전화를 하다. 지랄 같은 전화
같으니...
지금 2시 반... 집은 열시 반이다.
자다 깨어난 목소리는 언제나 잠겨 있다....

태양이 눈부시다. 산뜻한 느낌 없이 희뿌옇다.
오후가 되자 눅눅한 느낌마저 든다.
잠시 정지하여 오후 4시가 되기를 무료하게 기다릴 뿐. 예약소도 슈퍼도 모두 문을 닫았다.

날이 많이 풀렸다. 일기예보와는 달리
비는 내리지 않고
이국적인 가로수가 바람에 흔들린다.
이태리를 떠나기 앞서... 움츠러들었던
자신을 잠시 반성하며...
멋진 그리스를 기대한다.

파에스툼의 폐허 PASTUM을 보다.
도리아식의 초기 상태의 중요한 유구로
다행히 보존 상태가 좋은 3기의 신전
이 남아있다. 그리스 식민지의 작은
도시로 아고라와 고대극장. 신전들과
주거의 흔적이 남아있다—.

세워져진 이후 오늘날 묵묵한 거대구조물
의 과시적인 힘에 넋을 잃다—.

올림피아에서 필로스까지

060316. OLYPIA. GREECE

지중해를 건너 올림피아에 도착하다.
폐허의 돌무더기 뿐이었으나 만창한 꽃과 새소리, 기름진 점심 한끼에 모든 근심걱정은 사라지고. 비로소 봄이로구나. 지겨운 겨울이 끝이 났구나...

볕이 잘 드는 양지에 앉으면 사위는 넋을 잃을 정도로 노곤하다.
이곳은 드디어 그리스인 것이다.
올림피아의 유적지를 배회하다.
거대한 제우스 신전의 쓰러진 기둥들을 보며 황망함을 느끼다.

기둥의 조각들이 그대로 쓰러진채 늙어간다. 왜 다시 쌓아 놓지 않을까...
몇 조각만 올려 놓아도 훨씬 매력적일텐데...
그대로 두는 것이 그들의 방법인가...
흠... 그것도 역사를 대하는 한 방법이리라.
그러나 왜 3시에 문을 닫는지 그건 이해할 수가 없다.
약간 게을러 보이는 것이 사실이다.

숙소에서 더치 노인을 만나다. 수다스럽고 약간은 쫀쫀하지만 재미있다.
며칠을 같이 하기로 하다. 다시 며칠일지, 하루일지... 다시 함께다.

060317. PYLOS. GREECE

아침 일찍 올림피아 고고학 박물관을 들르다.
헤르메스... 그리고 압도적인 제우스 신전의 페디먼트.
스케일, 과장되지 않은 동세가 오히려 압도적인 힘을 느끼게 하다.
또한 완벽하지 않은 채, 깨어져 부분 부분 사라진 공간이 오히려 상상력을 자극하다.

스케치 한장을 거칠게 끝내고 돌아 서는 게 너무 아쉬웠다. 갈 길이 멀다.
남부로 한참 내려와 필로스에 이르다.

국도로 믿어지지 않는 굽고 좁은 길,
끝없이 이어지는 올리브 나무 사이로 한참을 달리다 쉬다를 반복하다.
날씨는 온화했으며 간간히 구름이었으나 그지 없이 따뜻하다.

오후에 필로스에 도착하여 별3개 호텔을 25유로에 계산하다.
노인네... 수완과 넉살이 좋다.
저녁은 기로스와 피타... 음, 좋다.

진수성찬 저녁과 따뜻한 방, 속 편한 룸메이트...
내일은 과연 무슨 일들이...

Pediment.
060317.

PYLOS.060317.

필로폰네소스의 두번째 손가락을 걷다.

060318. ANCIENT MESSINI. GREECE

훌륭한 하루였다. 감히 최고의 날이었다 해도 과언이 아니다.
그리스 남부 필로폰네소스 반도는 마치 손바닥을 펼친 모양새다.
그 손가락 한마디 한마디 마다 그림 같은 마을과 멋진 유적이 숨어 있다.
멋진 날씨와 온화한 기온, 아름다운 그리스 남부의 풍광과
매력적인 유적들, 또한 그리스의 맛들어진 스테이크와 수블라끼...
깨끗한 숙소와 저렴한 식사, 커피, 맥주 한 병에,
조금 수다스럽고 정신 사나운 길동무까지...
아마도 오늘 같기만 하다면...

그림 같은 해안 동네, KORONI.
아기자기한 골목과 중세의 성채를 지나 해변이 한눈에 보이는 언덕까지, 늙은 당나귀처럼 나작나작 산책하다. 점심은 사과 하나였으나 알 수 없는 포만감에 살이 찌는 듯 하다.

ANCIENT MESSINI.

근대화된 도시 MESSINI에서 서쪽으로 수km 안에 고대의 도시가 숨어 있다.
아고라와 원형 경기장이 남아 있다.
따뜻한 석양 속의 원형 경기장에 앉아 하루를 정리하다.

오늘 밤은 아마 따뜻할 것이다.
머리맡에 놓인 전기 히터.
7켤레의 양말을 모두 빨아 걸고, 모든 것이 정갈하고 산뜻하다.

아마도 행운의 동전이었나 보다. 고이 간직해야겠다.
앞길의 행운도 기원하며...
슬며시 양말 타는 냄새가 올라온다... 멍청이~!

따순 봄에 소스르 독바위 손가락.
전혀 다른 모습이다. 잿빛으로 벗겨진 산등성이와
바다의 돌, 잿빛, 억새 숲 사이로 해가 비치고
바다는 여전히 영롱한 비취빛이다.
060319. SUN. 가는 길 이어져 끝이 없다.

바닷가로 난 작은 길을 따라 걸었다.
늙은 노파가 터벅터벅 걸어오고 난 어색한
인사를 건네자 그녀는 웃으며 뭐라고 손짓했다.
그리고 길 끝에 그네들의 가족 묘지가 나타났다.
죽은 남편을 보러 가는 길이었을까. 처음은
헝겊가리로 정성스런 매듭으로 잘 쳐져 있었다.
바람 부는 바닷가 돌무덤이다. 처연하구나 생각났다.

060319. MISTRA. GREECE

전혀 다른 모습이다. 잿빛으로 벗겨진 산등성이와 바다의 돌, 잿빛, 엷은 구름 사이로 해가 비치고, 바다는 여전히 영롱한 비취 빛이다.

바닷가로 난 작은 길을 따라 걸었다.
늙은 노파가 터벅터벅 걸어오고 어색한 인사를 건네자 그녀는 웃으며 뭐라고 손짓했다.

그리고 길 끝에 그네들의 가족 묘지가 나타났다. 가족의 무덤을 보고 가는 길이었을까...
철문은 헝겊 쪼가리로 정성스런 매듭으로 잠겨져 있었다.

바람부는 바닷가 돌무덤이라...
청개구리가 생각난다.

스스럼 없이 고대 메시니의 뮤지엄을 둘러보고 이곳 저곳을 기웃거리다.

이곳은 지난번 반도와는 확연히 다르다. 사방 천지에 돌과 마른 산등성이.
들꽃만이 여전하다.
오늘은 바람마저 불어 마치 멕시코라도
되는 냥 황량함이 더하도다.
호텔방에 묵다.
그리 저렴하진 않으나 나쁘지 않다.
내일 스케줄을 살피고 하루를 접다.

060321. ??? . GREECE

작은 해안가. 이름도 까먹었다.
오후 늦게 도착하여 바로 앞산과 마을을 둘러보다.
땀에 흠뻑 젖을 만큼 도취되어 힘든 줄도 모르고 허겁지겁 돌아다니다.

저녁엔 싼 호텔방과 티브이, 그리고 튀긴 문어 요리 칼리마르로 요기를 하다.
맛도 좋고 싼 와인 한병을 비우다. 간만에 취해 본다.
그리곤 노인네 와이프 얘기를 했더니 주책 없이 운다.
구두쇠지만 순진하다. 간만에 취해서 정리도 없이 샤워하고 잠이 들다.

많이 잤다. 노인네 때문에 매일 술이지만... 부담 없이 즐기리라.

아침엔 그림 같이 맑다. 늦잠을 좀 자고 싶었지만
수선스런 노인네가 아침부터 호들갑을 떠는 통에 영 신통치 않다.

이것 저것 정리하고 인사하고 빈 병을 바꾸고 배 정보를 얻고..
그리곤 조금 후에 보기로 하고 헤어지다.

아침 낚시를 나가는 노인네를 보고...
따라 가고 싶은 충동... 잠시 해안을 둘러보다 겨우 자리를 잡다.

에피다브스의 원형극장.

- 자연지형을 극대화하여 만들다.
공간감이 극히 멋지다.
사람들이 노래를하고 스스로
관객이 되기를 주저 않다.

날씨는 극히 멋지게 맑았으나 번거로운 혹처럼 부담스럽다.
그러면 안되는디...ㄱㄱ. 어쩔수 없다....-

MYCHENUS. 060322.

060322. MYCHENUS. GREECE

날이 조금 흐리나 기분이 괜찮다.
하루 종일 온갖 악다구니를 떨던 수다쟁이 구두쇠 영감을 역 앞에 내려주고 다시 혼자가 되다.
역시 오는 길에 물어 물어 힘들게 길 찾긴 했지만 얼마간 마음의 평온이 찾아오자 다시 바꾸고 싶지 않아지다.
아트레우스의 보고 위에 올라 미케네 전경을 스케치하다.
마음에 들진 않지만... 좋아지리라...
다시 외로워지겠지만 그때까진 즐기리라. 외로움은 나의 힘... 무엇과도 바꾸지 않으리.

오늘이 며칠인가... 22일쯤 되었나?
종일 더치 노인네의 악다구니가 귀에 맴돌아 몸서리를 치다.
미케네와 코린토스의 유적을 돌아 콜린스 신도시 호텔에 묵다.
그리고 생각하기를 20유로 주고 여기에 묵어야 되는 이유가 있었나... 바로 아테네로 갔으면... 그 이유를 알 수가 없었드랬다. 그리고 이제서야 알겠다.
그곳... 파르테논을 보기 위해 스스로 또 마음의 준비를 하고 있었노라고... 마치 장가가기 전 목욕탕이라도 들르고 싶었던 거다.

16일 올림피아에 도착하여 노인네를 만나고 함께 펠로폰네소스 다섯손가락을 두루 여행하다. 일주일도 되기 전에 그에게 지쳐 도망치듯 뛰쳐 나왔지만 여행은 즐거웠다. 아름다운 그리스를, 자연을, 숨겨진 역사의 켜를 잠깐 맛보았다고나 할까.
그리고 오늘은 한숨을 고르고 싶었던 거다. 샤워를 하고 눅눅한 베드를 몸으로 녹이며 앞으로의 일정과 방향을 살피다.

유럽 본토는 왠지 정이 가질 않아 눈은 자꾸 동쪽으로 향하고 있다. 그러다 꼬르뷔제의 동방여행을 생각해내고 그의 파르테논 방문기를 읽고는 두려움에 빠졌다. 그가 읽었던, 느꼈던 바에 어느 정도를 내가 느낄 수 있을까... 달필이며 달변이다.
또한 이방의 여행객이 아닌 역사의 연속적인 주체로서의 시각이다. 흐름 안에 있는 자의 자신감이랄까... 마치 화성을 탐사하는 지구인의 발걸음처럼 소심하고 두려움에 빠져있는 나와는 조금 다르다는 걸 느낀다.
자격지심인가... 그러나 파르테논은 파르테논이다. 대학 1학년때 선배들을 따라 수덕사를 갔던 기억이 난다. 여러 범상한 전각들 사이로 대웅전을 처음 대면하던... 그 완성체, 절대미는 무지와 둔한 감수성의 눈에도 웅변의 힘이 느껴졌다.
아마도... 아마도... 여행의 시작 이후... 알 수 없는 앞날의 인연과 운명에 몸을 맡긴지 50일쯤... 내일의 하루도 알 수 없는 하루가 될 것이다.
참으로 고대한 날이다. 운명의 순간처럼... 다가오고 있다. 두둥!

드디어... 드디어 파르테논!

감히 붓을 들지 못하고 볼펜으로 밖에..., 그러나 그마저도
형상을 좇는데 급급하니 제대로 이루지 못하다,
태양은 모든 것을 불사를 정도로 뜨겁다...

060323. ATHENS. GREECE

아침부터 정신이 없었다.
코린토스를 벗어나 국도를 타고 고속도로를 타고...
아테네로 쑥 들어와 정처 없이 주소 한 줄로 숙소를 찾다.

그리고 부리나케 아크로폴리스로 향하다.

푸석한 샌드위치 한조각을 구겨 넣고 파르테논에 이르다.
역시 르 꼬르뷔제처럼 '마음 속에 천둥나팔'이 불었는지는 모르겠지만
넋 잃고 바라보다 겨우 스케치 한장 하고 마감시간에 쫓겨나고 말다.
2시 30분에 마감이라니...

하여튼 게으른 넘들...
위대한 조상 밑에 망나니 같은
아들넘들...
왠지 울화통이 치밀었다.

서점에 들러 드디어 그리스와 터키 안내책을 구하다.
그렇게 맑고 뜨겁던 날에 갑자기 장대처럼 소나기가 내리다.

소박한 광장이다. 약간은 거칠고 지저분하긴 하지만...
광장 가엔 커피와 식사를 위한 테이블과 의자들이 가득하다.

그림 한장 그리는 동안 갑자기 소나기가 내리자 순간 소란해지다.
불법 CD를 파는 흑인 애들과 일거리를 뺏긴 웨이터가 동승하다.
카이져 한 캔으로 잠시 비를 피하는 행운을 얻다.

음식을 가득 시킨 젊은 백인 부부가 신기한 동양놈을 힐끔 힐끔 경계한다.
냄새가 허기를 자극한다....
그리고는 다시 청명하기 그지 없는,
사위가 눈이 부셔 눈을 지그시 하지 않으면 제대로 바라볼 수 조차 없는 태양의 작렬!

060325, 토요일, Fillopapose Hill에 오르다.

파르테논에 두번째 오르다.
날이 흐렸으나 웅장함은 더욱 돋보이는 듯.
밝은 배경에 실루엣이 더욱 선명하다.

디테일을 묘사하려 하였으나 성급함과 주변이 신경 쓰여 맘에 들지 않다.
무릇... 그렇게 쉽게 이루어지지 않을 것이다.
하루 하루 더해 나가는 것 뿐...

060324. ATHENS. GREECE

오전 중에 다시 파르테논에 가다.
조금 더... 여유를 갖고 진입의 기분을 느끼다.
인간의 몸을 그리듯 조심스레 비례를 찾아 가느라 그림이 몹시 더디고 조심스러웠다.
그것이 아마도 정수가 아닐까... 수학적 비례감, 이상향, 정수의 굵직한 세계!
내려와 디오니소스 극장과 올림피아 제우스 신전을 들르다.
거대한 기둥만 남았으나 의도를 명확히 알 수 있는...
허나 파르테논의 가치는 크기에 있지 않다는 것 또한 명백해지다.
서둘러 국립고고학 박물관에 들렀으나 정확히 마감시간에 도착하고 말았다.
그렇다 3월까지 아테네는 오후 3시에 모두 문닫는다. -,.-

시장을 배회하다 가방을 하나 샀다. 15유로면 싼 가격이다. 기대치 않게 꽤 쓸만하고 오밀조밀 쓸모 있게 생겼다. 나에게 딱 필요한 물건을 구하고 나니 꽤 기분이 괜찮다.
새 운동화를 사고 기분이 좋아지듯 카메라와 안내책, 펜을 구석 구석 챙겨두다.

밀린 세탁을 하다. 거금 7유로를 주고 모두 정비하고 나니 기분이 꽤 쏠쏠하다.
커피를 한잔하고 차를 집 앞 골목에 주차할 요량이었으나 그대로 두기로 하다.
그것이 그러한 것이 가장 좋으리라 여겨졌기 때문이다.

오후 소나기 사이를 걷다가 돌아오는 길. 짧은 쌍무지개가 앞길에 걸리다.
좋은 일이 생길 것이다. 그럴 것이다. ^^

조금씩 조금씩 늘어가는 것들...

060325. ATHENS. GREECE

하루를 종치다. 국경일을 맞아 모든 아테네가 문을 닫았다.
종일 광장에 앉아 인간 동세를 연습하다.
역시 쉽게 이루지 못했다.
100명을 그리겠다는 목표를 세웠으나
둔한 손은 결국 하나도 만족스럽지 못한 채 돌아서고 말다.
하루를 더 머물러 고고학 박물관과 아고라 박물관을 보기로 작정하다.
그리고 오후에는 항구에 들러 배편을 알아볼 작정이다.

일찍 들어왔으나 몸 둘 곳을 찾지 못하겠다.
이른 잠을 이루자니 양심이 허락치 않고...

커피와 저녁을 걸게 먹었다.
자꾸 신경이 쓰이는 차...
어쩔 수 없다. 그것이 방법이다.

060326. ATHENS. GREECE. 일요일

일요일이었으나 오히려 모든 것이 잘 들어맞아 기분이 좋아졌다.
헐레벌떡 국립 고고학 박물관을 보고 아고라 뮤지엄, 그리고 세번째 파르테논에 오르다.

그것이 무엇을 말해 주었나와 상관없이 그저 그렇게 하고 싶었던 것이다.
거기가 마치 내 자리인 것처럼 마음이 편해지다.

그리고 만난 알바니아 영어교수 또한 그로부터 얻은 인연 아닌가.
조금씩 늘어가는 느낌! 영어, 스케치, 여행의 즐거움!

Hollyday in hollyday...
SANTORINY.

060327. SANTORINY. GREECE. 월요일

산토리니로 가는 배 위에 오르다.

간밤에 선잠을 자다.
아침 일찍 일어나야 하는 고로 새벽부터 자다 깨다 결국
5시에 눈을 뜨고 부산을 떨다.

배에 오르는 중, 갑자기 가방 끈이 터지고...
찜찜함을 애써 감추며 무사히 배에 오르다.
그리고 만난 한국 여자들...
바늘과 실을 구하다. 두시간 동안 구석구석을 여미다.
두번 다시 만나기 힘든 인연이다.

가방이 터지고 한국인을 만나고 바늘과 실을 구하다...
마치 무언가... 무언가... 감사할 뿐이다.

살짝 피곤하고 졸리기도 하지만
좀 더 여유롭게 며칠을 보낼 생각을 하니 마음이 편해졌다.
그들도 잠을 설친 듯 곧 잠이 들었다.
경계심과 피곤함으로 불안하게 잠이 든 그들. 행운을 빈다. 날이 화창하다.

우연히 서너번 마주쳤던 중국애와 동행하다. 좋은 인연이다.

석양이 가장 아름답다는 곳에 가자고 해서 따라 나섰다.

아름답다...는 표현 이상의 무언가가 필요한...
빨간 석양에 스크린이 되라고 집들이 모두 하얗던 거구나...

Holly day in holly day !!!
내일은 조금 더 즐겨보자.
좋은 여관방. 좋은 동행인, 좋은 인연들...

무언가 무언가 나를 자꾸 이끌어 주는 느낌.
조금 더 여행의 참 맛을 느끼게 하소서...

SANTORINY. 060329.
태양에게 모든것을 따라오라
하였다...

060328. SANTORINY. GREECE

오전 중 걸어서 이곳 저곳을 헤매다가 폐허와 검은 해변에 가다.
지루한 감도 있고 약간은 힘든... 걸어서 다니기엔 꽤 크다... 나의 애마가 그립다.
그리고 다시 OIA에 오다.
오늘은 구름이 약간 있어서 석양이 더 붉고 진하다.
손에 카메라가 들려 있었다면 DATA를 다 써버렸을 것.

몇장 그림을 거칠게 그리다. 손이 다시 건방져져서 잘 되지 않다.

그리고 드디어 칼라를 써보았으나 쉽게 익히지 못하다.
쉰다는 느낌.... 작은 스트레스도 없는...

내일 하루를 더 묵고 다시 돌아가자... 터키에 가자.
뭔가 찜찜한 소식들, 뉴스들.... 한국인 청년이 실종되었단다.
그러나 여기 어딘들 안전하리...

많은 신혼여행 커플들이 보인다. 행복한 사람들이군.
비록 5박 7일인들 어떠리. 보기 좋다. 행복을 빈다.

버스를 기다리다... 생소하다. 그리고 조금은 지루하고... 여유롭다.
잘 있는지... Rossy.

Santorini. 060330.

060329. SANTORINY. GREECE

날이 쌀쌀하고 바람이 불었다.
레드 비치로 향하는 버스에 탔으나 몸은 움직이고 싶지 않았다.
외곽으로 나가자 구름은 개었으나
바람은 여전... 갑자기 세상이 어두워지고...
한참 후에야 일식임을 알았다. 태양의 절반 이상을 가리고 지나가는 달...

세상은 달빛 같기도 한 낯선 어둠 속에서...
황무지를 헤매다... 얼마나 다행인가. 친구가 있어서...

TV에선 일식에 흥분하는 사람들과 어두운 거리를 보여준다.
낯선 나라의 외딴 섬에서 만난 뜻하지 않은 풍경. 뜻하지 않은 인연!

우정마저도 느껴지는 친구와 이제 곧 작별이다. 감사할 뿐. GOOD LUCK!

낮이 밝다.
작은 창으로 밖의 빛이 들어오고 흰페인트로 칠해진
방안은 충분히 밝아지다.
요런 흰룸 박스형이 어떤 편의성이 있는지
궁금했으나 답을 찾지 못했다. 아마도 단순 스타일
이상인것 만은 사실인것 같다.
아마도 한여름 태양이 결정적인 것 같기도 하고

조용히 짐을 정리하며. 아직 한나절의 시간이
남았지만 몸과 마음이 게을러 질정도로 잘 쉬었다는
느낌... 계단을 늦잠의 여독에 빠질만큼....
남은 짐을 정리하고 종일 길기에서 보내고
잠은 배기에서 잘 것이다...

060330. SANTORINY.
GREECE

산토리니를 떠나는 배 위에서...

3박 4일 동안의 산토리니를 마치고 다시 아테네로 돌아가다.
배의 작은 진동도 적응되고 과자 부스러기와 커피 한잔으로 배를 채우다.
4일 동안 4번의 석양과 4개의 작은 해변가.
조용히 하늘이 붉어지기를 기다리고 어두워지면
온통 하얀 방에 들어와 잠이 들다.
배고프면 맛있는 음식을 먹고
잠자는 순간을 제외하고 조잘대며 떠들어대는 친구도 한명,
그림을 그릴 땐 옆에 앉아 훈평을 늘어 놓는
밉지 않은 친구도 한명 있어 더욱 산토리니는 즐거웠다.

매일 바라봐도 지겹지 않을 만큼 나날이 다른 모습의 석양은
가히 절경이라 하지 않을 수 없다.

수백개의 계단과 당나귀 똥 냄새도 그리워질려나
며칠 간의 휴가를 끝내고 다시 일상으로 돌아가는 느낌...
다시 돌아올 수 있을까?
다시 돌아와도 산토리니는 같은 모습이지 않을 것이다.

그때와 다른 누군가와... 또는 지금과 다른 모습의 어떤...
어제 오늘과 다른 날씨. 지금의 파랑과 다른 채도의 파랑으로 칠해질 하늘과 지붕들.

단지 '안녕' 하고 보낼 수 있을까? 허나 더 이상 미련을 갖지 않는 것이 만난 것처럼 방법일 것이다.
그렇게 행운을 비는 것 뿐... GOOD BYE... GOOD LUCK! TAKE CARE!

산토리니에서의 인연에 감사하며...
행운을 빈다. 혹.. 다시 만날 날이 있겠지...

060331. ATHENS. GREECE. 금요일

배 위에서 선잠을 자고 맞은 아침, 그렇게 상쾌하진 않아서 부시시 해가 뜨는 거리를 걸어 숙소에 도착하다. 쿨 하다 못해 무덤덤할 정도의 작별을 하고 또 새로운 사람들을 만나고... 행운이 함께 하길. 아침에 뜨기로 했으나 하루를 더 묵게 되어 수니온 곶으로 향하는 버스에 오르다. 다시 혼자가 되었으나 그렇게 나쁘지 않다. 날은 두말 할 것 없이 화창하고 일부 지방엔 비가 온다. 어디서 무엇을 보고 무언가를 만나든... 그것이 여행이다. 그리고 내일은 다시 ROSSY와 함께...

060401. KAVALA. GREECE

아침부터 달려서 테살로니카를 지나... 오후 늦게사 겨우 카발라에 도착하다.
장장 600km. 아침 8시 반에 출발하여 4시가 넘어서 겨우 도착하고 6시에 숙소를 잡다.

허나 아직 이스탄불까지는 500km가 남았다....

아. 기로스가 지겨워지다. 그리스를 떠날 때가 된 것이다.
맥주 한 잔과 기로스 한 접시로 배를 채우고
항구에서 어두워질 때까지 앉아 낚시꾼들 고기 한마리 잡을 때까지 기다리다 들어오다.

샤워 없이 20유로면 깨끗한 방이다. 역시 불이 어두워 불편하였으나 침대가 맘에 든다.

남부지방보다는 확연히 집 매무새가 단단하여 소음도 우풍도 덜하다.
오늘은 조금 더 따뜻하게 잘 수 있을 듯...

이스탄불 가이드북을 일별하다. 두려움과 설레임 반반이다.
조금 더 조심해야 할 것 같다. 걱정은 하지 말자.
방법과 인연, 신의 가호가 있으리라. 내일은 또 무슨 일이... 어떤 인연이 기다릴지...

060402..ISTANBUL..TURKEY

060405..PERGAMAON..TURKEY

060406..PERGAMAON..TURKEY

060407..EPHESOS..TURKEY

060407..EPHESOS..TURKEY

060408..APRODISIAS..TURKEY

060408..PAMUKKALE..TURKEY

060410..ASPENDOS..TURKEY

060410..SEGE..TURKEY

060411..ANCARA..TURKEY

060412..ANCARA..TURKEY

060413..ISTANBUL..TURKEY

060413..ISTANBUL..TURKEY

060414..ISTANBUL..TURKEY

060415..ISTANBUL..TURKEY 060415..

ISTANBUL..TURKEY

1800

mile

SKETCHROAD
TO THE WEST
18000MILE

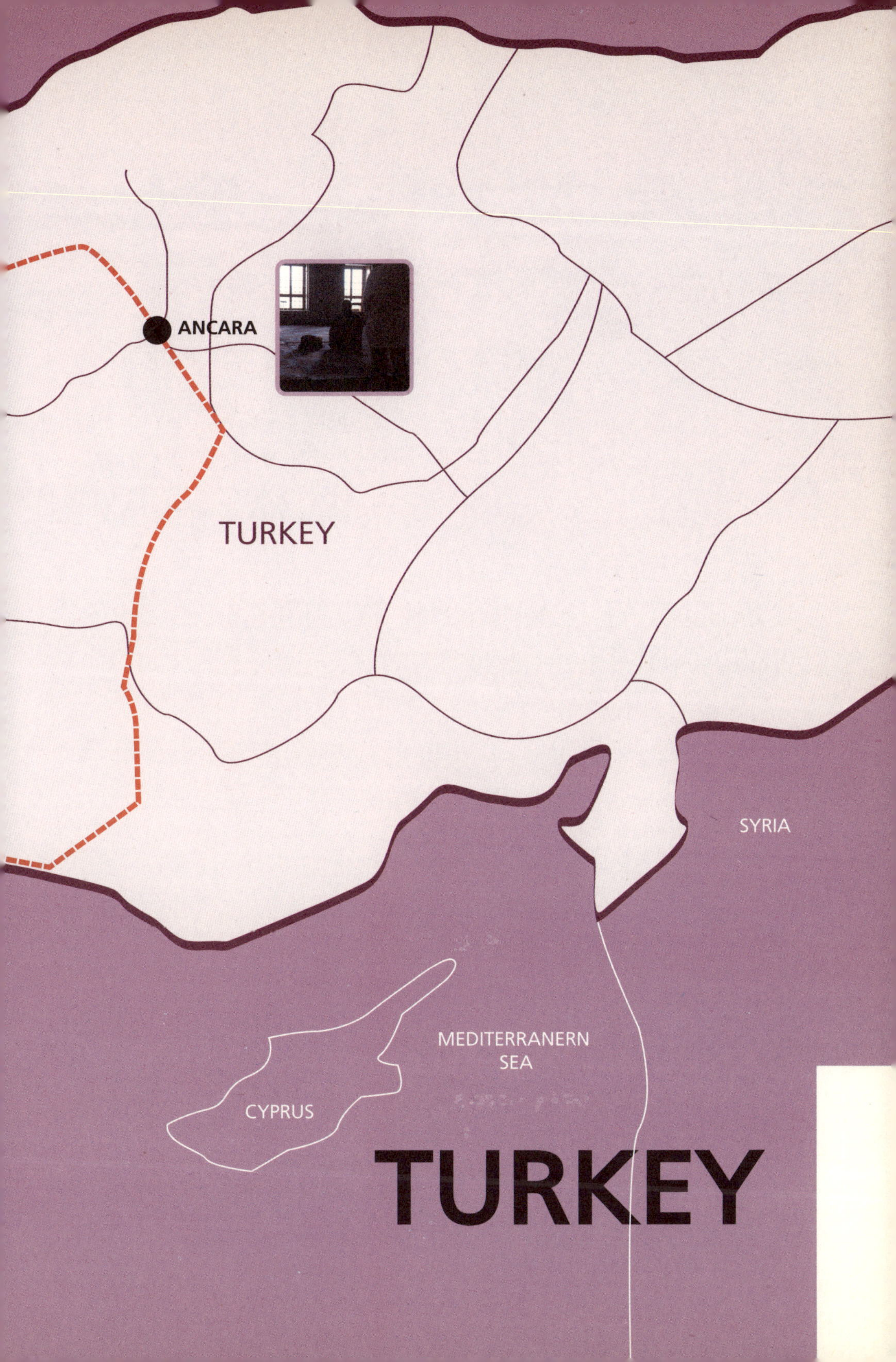

TURKEY

ORIENTAL EXPRESS TO THE ISTANBUL!

060402. ISTANBUL. TURKEY

작열하는 태양 아래 말 달리듯 거친 아스팔트를 뚫고 드디어 이스탄불이다.
거의 정신이 혼미해질 지경에 이르기 직전...
무사히 골목길에 차를 대고 어렵지 않게 숙소를 찾다.

모든 것이 너무 거칠고 투박하다. 갓길에는 말 달구지가 달리고
이를 피해 질주하는 벤츠와 구식 미니버스...

도로는 누더기를 기운 듯, 온전한 게 없고 광활하게 늘어진 도시는
도무지 스케일 감을 찾기 어렵다.

사람들은 친절했으나 들려오는 흉흉한 소문들... 누굴 믿고 누굴 의심해야 하나.
과연 나의 룸메이트는 믿어도 되는가...
터키다. 국경 통과에 한시간이 걸리고 환전을 했다.
믿어지지 않게 싼 통행료와 숙비, 그리고 단위를 의심케 하는 비싼 휘발유...

당황스럽다. 조금 더 시간이 필요하다.

거대한 하기아 소피아. 신성을 표현하기 위한 인간의 모진 몸부림처럼 외관은 웅툭하고 인간임을 다하는 근육질의 보디 빌더 같다. 술하이 마시고파가 생각 나다.

룸메이트는 캐나다 대학생이다.
여행의 관록이 느껴지는 배낭과 복장이 눈에 띈다.
터키 내륙을 함께 여행하기로 하다.

이틀 동안 총 1,100km를 질주하다.
이런 날도 있으려니... 마음이 편하다.
오히려 이런 난관을 뚫고 여기까지 온 내가 자랑스럽다. 몹시도 망설이고 두려워하고 주저하다가... 결국은 여기까지 왔다. 그리고 또 나아갈 것이다. 행운이 함께 하길... 터키를 사랑하게 되기를 바란다.
목이 마르다. 몹시도 피곤한 날. 좋은 마침이다.

060403. ISTANBUL. TURKEY

룸메이트와 함께 시내를 돌아보고 마침 쓸만한 스케치북도 2권 마련하다.
Hagia Sophia와 Old Palace를 둘러보다.
유럽 본토와는 확연히 다른 문화. 이국적이며 이방의, 또는 나쁜 무리, 야만스러운, 잔인한, 무식하고 때로는 코믹한 것으로 묘사되었던, 무의식 중에 적으로 간주되었던 무슬림의 본거지, 이스탄불! 그러나 그들은 어느 곳, 어느 문화보다도 완성도 높은 문화를 일구고 보존하고 키워가고 있다.
예리하게 휘어진 칼은 세밀한 장식으로 뒤덮이고 눈을 희번덕거리게 하는 장식과 뾰족한 아치, 도시의 스카이라인을 지배하는 모스크와 첨탑.
도시를 세 등분 하며 출렁이는 강과 같은 바다. 이스탄불이다.
도시 귀퉁이 마다 붙어 있는 '사람을 찾습니다.'와 그의 앳된 얼굴이 보일 때마다
화가 치밀었다. 부디 무사하기를...

내일은 안으로 가보자.
무엇이, 무슨 일이 기다릴지... 알 수 없는 내일, 바다를 건너 아시아다...

060404. BURSA. TURKEY

만명쯤 인구를 예상했던 도시가 130만의 거대 도시였으니...
길 위에서 당황했을 만도 하다.
룸메이트는 배탈이 나서 결국 병원을 찾고 다행히 큰 병은 아닌 것 같으나 여간 호들갑이 아니다.
하루가 무사히 저물고 따뜻한 샤워와 고즈넉한 베드에 누었으니 감사할 뿐이다.
이스탄불과는 또 다른, 유럽의 여타의 도시와 같이 전통의 구속이 느껴지지 않는다. 다만
남자들의 코털과 여자들의 두건, 도심 한 가운데에 있는 모스크와 첨탑,
오후에 들려오는 노래 소리로 이곳이 터키임을 상기시켜 준다.

아마도 이 도시에서 이방인은 우리 둘 뿐인 듯, 사람들은 낯선 생김의 두 이방인을 힐끔
힐끔 쳐다본다. 이스탄불과 다르게 관광객이 없는 자기들의 세계에
불쑥, 끼어 든 낯선 양키와 동양놈...

한국으로부터의 비보 두가지…
나의 거래은행은 다른 은행에 팔렸고 회사는 절대 절명의 위기에 처했다...
돌아갈 곳이 없을 수도 있다...!
모르겠다. 내일은 내일의 태양이 뜨겠지.
보다 나은 내일을 기대하며 오늘, 이만한 것으로 감사한다.

내일 밤은 페르가뭄이다.

페르가뭄, 페르가몬.베르가마?

060405. PERGAMAON. TURKEY

다시 길 위에서 하루를 보내다.
날은 맑고 초원은 그지없이 아름다웠으나
불평과 복통으로 투덜대는 캐나다놈... 함께 한다는 것이 더 짜증나게 하다...

해가 가물가물 할 쯤에 겨우 도착하자 일은 잘 풀렸다.
깔끔한 펜션. 이틀에 24리라. 저녁에 먹은 생선요리와 고등어 케밥도 그만하면 근사하다.
내일은 벽난로에 불을 피워 고기를 구워 먹자... 흔치 않은 기회다.

한국전의 추억을 자랑스러워 하는 펜션 주인장...
친절하고 정이 넘치다.
고양이를 쓰다듬는 손과 그의 새끼들을 자랑하는 표정엔 인자함이 가득하다.

밤하늘엔 별이 총총하고
멀리 머리 맡엔 수천년의 켜가 쌓인
아크로폴리스가 기다린다...

트라얀 템플 IN BERGAMA.
060406.

베르가마 - AGROPOLI. 또하나의 파르테논이다. 장쾌한 배치와 아찔한 [illegible]

060406 PERGAMAON. TURKEY

아침부터 부산을 떤 덕에 오전 중에 뮤지엄을 보고 드디어 Acropoli에 오르다. 아테네의 아크로폴리스에 이은 또 하나의 '높은 도시'…

부석사를 처음 갔을 때의 흥분…
호쾌한 배치와 화려한 건물. 그렇구나..
파르테논이 수덕사 대웅전이라면 이곳 하드리아누스 신전은 부석사 무량수전을 닮았다고 해야겠다.

형체만 남은 제우스 제단이 아쉽고 건물들이 쇠락했으나 그 자리잡음과 상상력을 자극하는 공간감에 정신없이 스케치를 해대다.
며칠간의 허무함을 메우는 기쁨의 순간.

불평과 불신. 하루 종일 터키에 대한 혐오를 쏟아 내는 저 친구는 설사병 때문에 고생이다. 하지만 터키인들은 대부분 친절하고 순수하며 진솔하다. 물론 몇몇 적극적인 상인들과 택시 기사, 운전대를 잡은 몇몇 망나니들, 이스탄불의 다리 밑 검은 무리들을 제외하면…

저녁은 스테이크와 닭 꼬치를 사다 구워 먹다. 간만에 포식하였으나 감사할 줄도 모르는 피가 덜 마른 캐나다놈… 그러니 똥병이 나지. 이넘아!
내일은 에페소스다. 또 하나의 기쁨을 기대하며…
빌어먹을 신용카드! 조흥은행은 팔렸다. 신의 가호가 절실히 필요할 때이다. 아멘!

060406 페르가뭄. (Bergama) Asclepeion.

EPHESOS, let it be. please!

060407 EPHESOS.TURKEY

에페소스.
또 하나의 장쾌한 경관이다. 화려한 디테일과 독특한 공간감.
너무나 멋진 걸 가졌으나 그들은 아직 무지하고 조급하며 거칠다.

그냥 게으르게 놔두기를, 더 이상 망치지 말고 그냥 두기를...
깨어진 기둥과 조각들은 시멘트로 성급하게 채워지고 태양아래 관광객들의 발길에 채이고 굴러다닌다. 보존이 잘된 원형 극장엔 양 떼들을 방목하고 양 똥들이 굴러다닌다.
그늘진 곳에 게으르게 졸고 있는 감시원. 양 떼를 감사하는지, 유적을 감시하는지 알 수 없다.

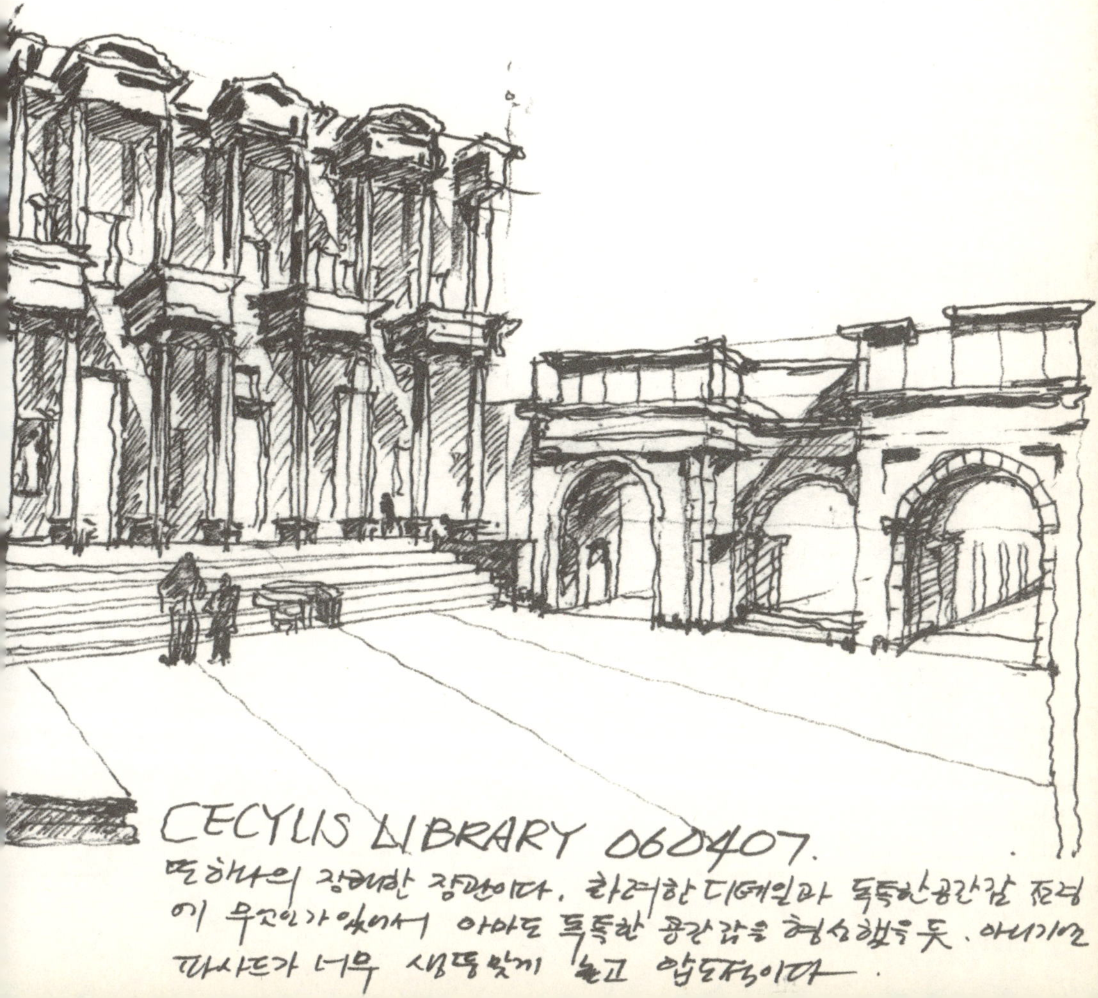

너무 작위적인가? 아마도
이런 것은 없었을 것이다.
아마도 빈 수가 있었을 것이고
다우스테이스의 광장이 일반적이듯. 허나 그러기엔
뭔가.. 주변에 비해서 그런가? 알수 없는 부분에
무언가를 만들어야만 했다.

에페소스....
자리잡음이 약간 어리둥절하다.
축이 자리잡기에는 SITE가 옹색하다.
제곳이라니... 제곳이 어딜까. 아님. 도로따라
밑은 거대한 도시유적이 묻힌걸까..

060407 EPHESOS. TURKEY

에페소스 근처의 작은 도시, Secuk의 펜션에 묵다.
터키에서 처음 만나는 제대로 갖춘 호스텔이다.
상식 밖에 남녀 혼숙이나 대수롭지 않은 듯...

저녁에는 해가 질 즘, 갑자기 모래바람에 돌풍이 불더니
그림 같은 선셋 이후 사위는 다시 잠잠해지고 평화로운 저녁이 찾아 오다.

터키에 대한 경계심 때문인지, 숙소에 들어온 서양애들은 스스럼 없이 곧 친해지고 자신이 겪은 하루의 모험담을 털어 놓는데 바쁘다. 자신들의 기준으로 터키 사람들의 무례함, 게으름, 불친절을 흥분하며 까대며 동질감을 느끼는가 보다.
마치 그들의 선진적인 여행법이나 되는 모양이다.

저녁을 잘 먹고 모처럼 근사한, 터키식인지 뭔지 모르겠으나 마당에 앉아 하루를 정리하다. 근사한 여행자의 하루가 저물어 간다.

060408. APRODISIAS.
TURKEY

APRODISIAS!
전혀 예상치 못한 거대한 로마 유적지다.
거대할 뿐만 아니라.
하나의 완전한 도시 유적으로 어느 곳 못지 않게 잘 보존되어진 아름다운 곳이다.

하루 종일 격앙된 채로 달리고 뛰고, 숨을 헐떡이며 스케치하고 셔터를 눌러대다.

로마의 포룸에서도 서너 시간이면 지루했는데, 돌아서면서도 아쉬워 카메라를 들이대다.
어느 박물관에서는 주인공 대접을 받을 만한, 놀라운 디테일과 표정이 살아 있는 조각상들이 수풀 속에 덩그러니 놓여 있다.
완벽하게 복원된 게이트와 온전한 이오닉 기둥 하나만으로도 숨이 막힐 지경이다.
그 어느 곳에서도 느끼지 못한 흥분으로 달리고 뛰고 찍기를 서너 시간… 얼굴이 다시 벌겋게 그을리다.
이곳 터키 에게해 연안은 곧 이태리를 능가하는 유적지 순례지가 될 것이다.

도시축의 머리를 장식한
목욕탕이라니...
목욕만 한것은 아니었을것,
로마시대 사교의 장,
퍼블릭 시빅 SPACE.
BATH.
거대한 돌들의
자연스러운, 소박함과
견고함, 영원의 시간을 버텨...

HADRIYAN. BATH _ 080408.

HIERAPOLIS.
AMPHITHEATER

060408. PAMUKKALE. TURKEY

대단한 하루가 저물다.
끈질기게 따라 붙는 삐끼를 따라 결국 20리라에 더블 룸. 방과 샤워 모두 정갈하다.

샤워하고 늦은 저녁, 맥주 한 캔으로 하루를 자축하다.
숨쉴 틈 없이 하루에도 벅찰 듯한 두 도시를 들여다보고 채 여운이 가시기 전에
석양이 지고 이내 밤이 찾아와 쉬 잠들지 못할 듯 하다.

경이로운 자연 경관과 거대한 대리석 조각. 묵직함으로 가슴을 지긋이 파고드는 유적들.

... 차를 빌리길 잘했다는 느낌...
이 거침이 맘에 든다. 아직은 성근 사회의 틀.
허나 그 뭉툭하고 투박한 언덕배기 밑에 무엇이 숨어 있는 곳. 터키...!

060410 ASPENDOS. AQUADUCK.

멀리 수원으로부터 물을 끌어 오기 위한 로마수도교가 옛 아크로폴리스의 영화를 말해 줄 뿐이다. 사람들은 다리 사이로 길을 내고 울타리 삼아 마을을 이루며 과수원을 일구고 산다.....

060410. ASPENDOS. TURKEY

늦잠을 자고 아스펜도스로 향했으나 몸이 말이 아니었다. 전날 종일 운전만 했던 것이 채 가시지 않고 피로가 쌓인 것이다.
결국 멀리 가지 않고 근처에서 머물기로 하다. 그렇게 결정하고 나자 마음이 편해져 하루를 즐기게 되었다.

ASPENDOS. 잘 보존된 Amphitheater 하나만으로도 충분했거늘, 또 하나의 아크로폴리스와 로만 수도교가 녹녹치 않다. 초원으로 변한 폐허 위에 우뚝 선 벽과 섬세한 조각 부재들이 상상력을 자극한다.

한 장의 벽과 윤곽...
문명의 단초로 남겨진 조각이 단서처럼 던져지다.
나머지를 상상력으로 꽤 맞추기엔 너무나 버거운...
웅웅... 날벌레 소리들이 혼란스러운 머리 속 CPU 돌아가는 소리와 같다...

그곳 어느 돌무지 위에 한참을 앉아 옛 영광을 곱씹다 내려오다.

한권의 스케치북을 다하며...

한 권의 스케치 북을 다하며...

60일이 조금 더하고 겨울에서 겨우 봄에 이르는 사이,
파리로부터 스페인과 이태리, 그리스, 그리고 터키에 이르는 여정이 고스란히 담기다.

어느 우울한 날과 행복했던 날들에 대한 소중한 기록들이,
때론 부끄러운 스케치와 유치한 글들,
조금 더 나아지고자 했던 노력들로 여기에 담기다.

어느 훗날 다시 이를 열어 본다면
그 날들의 기쁨과 슬픔, 이루고자 했던 노력을 선명하게 느낄 수 있으리라.
인생에 두번 있기 힘든 행복한 날들의 소중한 기록이다.

한 권의 스케치북을 다하며
이곳 터키는 너무나 아름다웠노라고 쓴다.

060410.SEGE.TURKEY

지중해 연안의 작은 도시 SEGE. 독특하고 흥미롭다.
녹녹치 않은 유적들이 상업화 된 도시 블럭과 기묘한 조화를 이루며 공생하다. 여기에 수 km에 이를 듯한 그림 같은 비치가 어우러져, 말 그대로 해변가에 널브러진 로마 유적들.
로마시대의 바실리카 외벽을 입구로 삼아 레스토랑이 있다. 그들의 유적 위에 터를 닦고 식당을 열고 그들의 중정을 다듬어 GARDEN HOTEL을 경영하다.

터키는 날씨가 좋지 않은 독일인들이 즐겨 찾는 관광지라지만 이곳은 유독 독일인들이 많다.
호텔들도 모두 좋아 보였지만 우리 같은 배낭 여행객들에겐 그림의 떡이었다. 그러나 그 중 제일 좋아 보이는 별3개 호텔을 기웃거리다 배낭 여행을 즐기는 호텔 사장이 우리에게 좋은 방과 아침식사를 선뜻 절반 값에 내주는 행운을 얻다.
그림 같은 수영장. 물은 차가웠으나 따질 때가 아니었다. Bar에서 만난 늙은 독일 소방수는 온화한 미소로 손님을 접대하듯 우리들에게 술 한잔을 사며 즐거워한다.
오랜만에 먹고 마시고 즐기다.

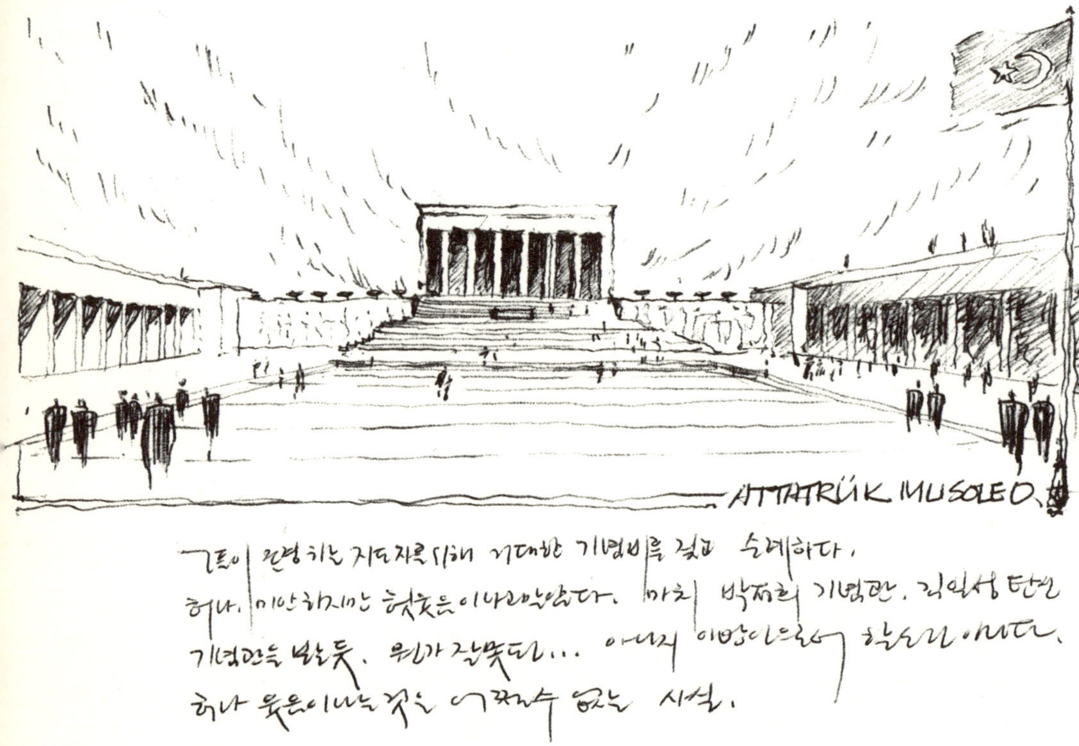

그들이 존경하는 지도자를 위해 거대한 기념비를 짓고 숭배하다.
허나, 미안하지만 헛웃음이 나오고 말았다. 마치 박정희 기념관, 김일성 탄신
기념관을 보는듯, 뭔가 잘못됐나... 아니지 이방인으로서 할 소리 아니다.
허나 웃음이 나는 것은 어쩔수 없는 사실.

앙카라에서의 마지막 밤...

060411. ANCARA. TURKEY

휴식으로 충만해진 몸을 일으켜 뜨신 아침 샤워를 즐기다.
그리고 처음으로 맛보는 근사한 성찬의 아침식사.
빵과 샐러드, 계란과 햄, 버터, 치즈, 그리고 세잔의 커피.
게걸스레 먹고 즐기다. 독일 소방수와의 즐거운 대화도 빼 놓을 수 없다.
그렇게 늙어갈 수 있다면... 그렇게 살아야 하는데...
아쉬운 작별을 하고 서둘러 먼 길에 오르다.

날은 그지 없이 쾌청하여 덥기까지 하다.
한 꺼풀씩 벗겨지는 나의 옷들이 봄이 왔음을 말해주다.
끝없이 펼쳐진 광대한 초원을 지나 사막 속의 그림 같은 이슬람 성지 코냐에 들러 잠시 배회하다.
아무런 정보도 없이 불쑥 찾아 든 낯선 이방인들에게 도시는 특별히 말이 없었다.
준비 안된 자에겐 아무 것도 허락치 않는 것이다.

물과 초콜릿 바를 사고는 도망치듯 돌아서다.
200여km의 광활한 초원길을 쉼 없이 달려 앙카라에 도착하다.

터키의 정치, 경제 수도. 도시는 예상 이상으로 혼잡하고 막무가내다.
그러나 이것이 앙카라다.
거침없이 불평을 쏟아내는 캐나디안 넘이 더 짜증난다.
겨우 겨우 방을 정하고 늦은 저녁을 챙기다.

치킨 반마리에 4YTL... 나쁘지 않으나 금방 질려 더 먹을 욕심이 나지 않다.
맥주 1병을 나누며 술김에 이런 저런... 하나 마나 한 얘기를 하다.
누구도 누구의 여행을 불평할 순 없다.
그것이 그들의 즐기는 법, 나 스스로 즐기면 그것으로 훌륭한 여행이다.
내일은 급할 것이 없다. 앙카라에서의 하루를 남기며, 또 무슨 일이 있을지...
이제 즐기며 기대하다.

내일은... 새로운 태양 아래...
내일의 삶이...!

060412. ANCARA. TURKEY

앙카라의 National museum.
선사시대부터 로마시대까지 모든 역사 스펙트럼의 소장품들이
약간은 투박하고 촌스럽게 오밀 조밀 전시되어 있다.

가이드를 호객하듯 홍보하는 노인네들.
허나 그들의 문화에 대한 자부심만은 간절히 느낄 수 있었다.

뮤지엄 입구에서 만난 6.25 참전 용사.
75세의 나이에 영어 가이드로 일하며 여전히 한국전의 추억을 곱씹는다.

ATATURUK 무솔레오.
기념비적, 전체주의적, 내셔널리즘에 탄복하다 이내 식상해
돌아서 KOKATEPE 모스크의 허한 공간에 자리잡다.
거대한 돔과 공간, 한가운데를 장식한 약간은 세속적인 느낌의 거대한 샹들리에가
불을 밝히고... 오후 기도시간에 맞추어 하나 둘 사람들이 들어선다.
이방의 낯선 동양인과 서양인이 신기한 듯 불쑥 불쑥 고개를 들이민다.
스스럼없고 친근하다.

회랑에 기대 앉아 시간을 기다리는 노인, 어린 아들에게 기도법을 가르치는 부모...
가래를 긁어대는 선창가. 삶으로서의 종교가 가득한 모스크가 진한 감동을 주다.

기도가 시작되자 모두 앞으로 가, 단상을 향해 앉아 '목소리'에 맞춰 서기도 하고 앉기도 엎드리기도 한다. 약간은 익숙해진 염불 같기도 한 선창에 거대한 공간은 밀도 있는 종교적 분위기로 가득하여 나도 모르게 펜을 멈추고 멍하니 바라보다.

기도가 끝나자 군중은 빠져 나가고 노인 몇몇은 벽과 기둥 사이로 하나 둘 사라졌다. 종교는 삶이요 생활이다.
그들의 삶에 불쑥 끼어 든 낯선 이방인들을 선뜻 초청하는 이를 따라
모스크 길 건너 그들의 아파트에 이르다.

그들이 내주는 홍차를 마시고 그들의 종교에 대해 듣다.
그리고도 모자라 저녁까지 얻어 먹고 또 차를 마시고
그들의 종교를 듣고... 겨우 돌아서다.
경건하고 진솔했지만... 지나치게 진지한 느낌과 어색한 거실 분위기에
자꾸 웃음이 나는 것을 참기가 힘들었다.

앙카라에서의 마지막 밤을 보내며...
이로서 아름다웠던 터키의 여행을 접고 다시 이스탄불로 향하게 되다.

내일은 새벽부터 바삐 움직여야 할 것 같다.

기나긴 하루가 될 것이다.
허나 충분하다. 다시 이스탄불이 그리워지다.

뭔가 동전의 양면 같은 섬뜩하며 아름다운 도시를 다시 도전하게 되다.

먼 길이지만 두렵지 않은...
이스탄불이 기다린다.

두번째의 이스탄불...

060413. ISTANBUL. TURKEY

길 위에서 맞이하는 아침...
새벽 4시에 일어나 서둘러 길을 나서다.
녀석의 비행 시간에 맞추려면 서둘러야 했기 때문이다.

어둑한 시내를 벗어나 한참을 달린 후에 고속도로 위에서 아침을 맞다.
서서히 밝아오는 동쪽을 등지고
서쪽 끝. 다시 이스탄불을 향하고 있다.

길 위에서 만나고 길 위에서 헤어지다.
잠깐 들린 휴게소에서 음식을 건네는 터키인 가족들.
스스럼 없이 더운 물을 나눠주고 이방인들에게 미소하다.

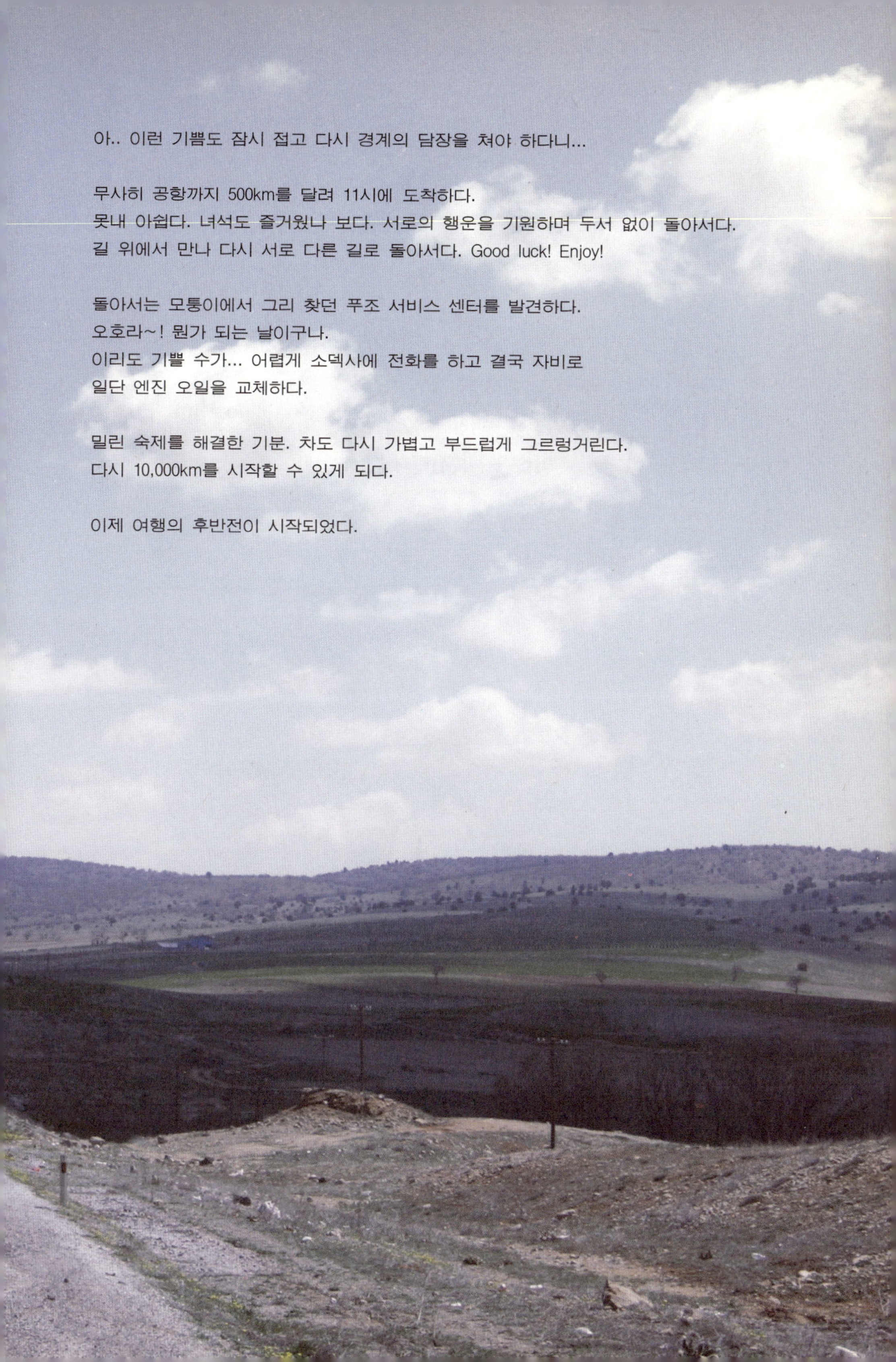

아.. 이런 기쁨도 잠시 접고 다시 경계의 담장을 쳐야 하다니...

무사히 공항까지 500km를 달려 11시에 도착하다.
못내 아쉽다. 녀석도 즐거웠나 보다. 서로의 행운을 기원하며 두서 없이 돌아서다.
길 위에서 만나 다시 서로 다른 길로 돌아서다. Good luck! Enjoy!

돌아서는 모퉁이에서 그리 찾던 푸조 서비스 센터를 발견하다.
오호라~! 뭔가 되는 날이구나.
이리도 기쁠 수가... 어렵게 소덱사에 전화를 하고 결국 자비로
일단 엔진 오일을 교체하다.

밀린 숙제를 해결한 기분. 차도 다시 가볍고 부드럽게 그르렁거린다.
다시 10,000km를 시작할 수 있게 되다.

이제 여행의 후반전이 시작되었다.

Hagia Sophia.
060413. ISTANBUL.

BLUE MOSQU
060413, ISTANBU

060413. ISTANBUL. TURKEY

두번째는 어렵지 않았다.
그렇게 어렵게 헤매었던 길을 되짚어 쉽게 숙소에 이르다.
게으르고 의뭉스런 호스텔 주인놈이 또 심드렁하게 맞다.

방안 가득 어지럽게 널린 넝마들... 일본 망나니들이 틀림없다...

눈을 감으면 곧 잠들 듯 했으나 오후 3시.
가볍게 차림하고 블루 모스크로 향하다.
거대하고... 약간은 괴물스런, 유기적인 갑충류 더미가 생각난다.
중정의 우람한 공간감에 한참을 회랑을 배회하다.
내부는 약간 산만하고 뭔가 집중이 안되는 분위기.
종교적 분위기 보단 관광객들의 웅성거림과 발 냄새,
산만한 조명과 의외로 어두 침침한 천창들...

왜 블루모스크인지... 내부는 오렌지 빛이 더 강한 채색이다.
광장으로 나와 하기야 소피아 주변을 거닐다.

그 육중함과 세월의 채색이 조화되어 잔디 위에서 스케치 한장을 거칠게 하다.
건물과 어울리지 않게 주변 광장과 공원은 너무도 친근한 분위기.
꽃이 만발하고 형형색색의 인간들이 앉고 엎드려 감상하다.

역시나 들려오는 'Where are you from?'... 'Japan?'
다시 이스탄불에 들어 온 것이다.

오랜만에 느끼는 여유로움!
혼자가 된 것이 다시 반갑다.
언젠가 다시 누구를 어디서 만나든...
며칠간의 홀가분함을 만끽하고 싶어지다.

마음이 잔잔한 호수처럼 편안하다.
다시 이스탄불이다.

내일은 이스탄불의 말을 들어보리라.
조근히... 때론 소란스럽고 약간은 야만스럽게,
조금은 낯선 광경으로 날 후려쳐 주기를...

실종되었던 한국인 청년이 바닷가에서 변사체로 발견되었다...
고인의 명복을 빈다.

BLUE MOSQUE 0604, ISTANBUL.

비내리는 이스탄불.

060414. ISTANBUL. TURKEY

비가 보슬보슬 내리는 이스탄불...
늦은 아침에 게으름을 피우며 커피를 마시고
이것 저것 일정을 정리하다 겨우 10시쯤 고고학 뮤지엄에 도착하다.
방대한 전시물과 역시 세련 되진 않았으나 친절한 디스플레이.
선사시대부터 GREEK, ROMAN, BISANTINE.
그리고 이슬람에 이르는 역사의 켜가 도시 구석 구석에 쌓여 있다.
비잔틴, 콘스탄티노플, 이스탄불...
문명이 바뀔 때마다 이름이 바뀌었지만 도시는 그대로 쌓여 간다.
지금도 로마의 성벽 위에 학교를 짖고
바실리카 담벼락에 주차를 하고 스타디움은 광장으로 남았다.

거대한 박물관에서 진을 빼고 거리에 나섰으나
찌뿌등한 거리는 좀체 활력이 나지 않아 그랜드 바자를 쭈뼛거리다 일찍 들어오다.
간만에 라면을 하나 끓여 먹고는 이내 단 낮잠을 자다.

짜증나는 니혼진 넘들이 어찌나 방을 더럽히는지...
정말 잡스럽다. 하나 같이 자유분방의 경지를 넘어 드럽기 그지 없다 .
무한 긍정주의의 한계를 넘어섰다. 무례한 넘들...

이리하여 이스탄불에서의 하루를 보내고
내일 하루를 더 머물고 다시 길 위에 설까 한다.

아마도 불가리아!
다시 정보부재에 허덕이다 호스텔에 굴러 다니는
가이드북을 한권 집어 들다.
아마도 이로서 충분하지 않을까...

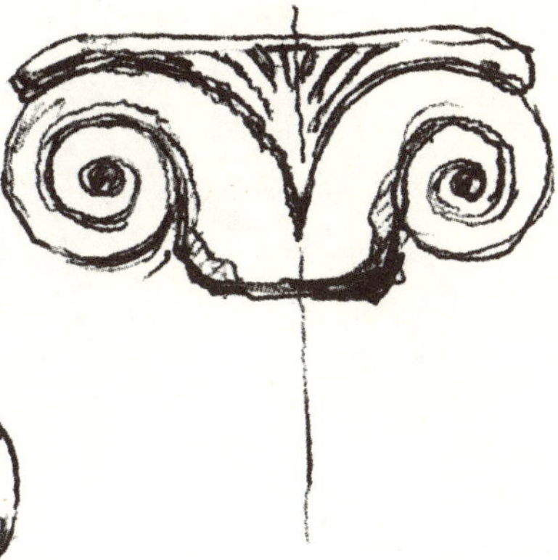

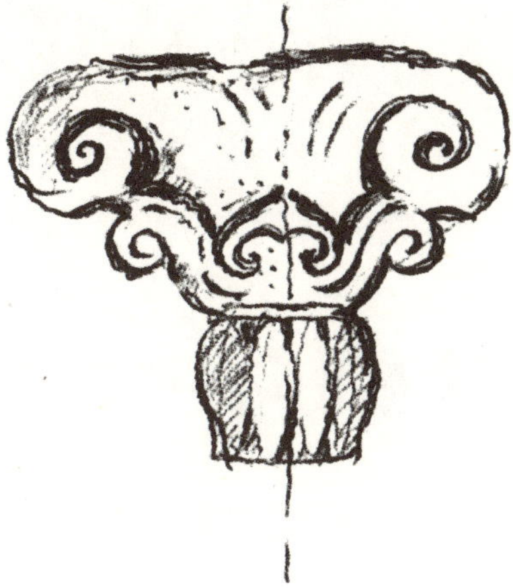

여행의 절반을 보내고...

프랑스, 스페인과 이태리, 그리스를 돌아 터키...
거의 매일을 지중해의 바닷 바람 속에서 보냈으니
이제 내륙의 먼지를 뒤집어 쓸 때인가...

동유럽을 관통하여 북유럽, 그리고 중앙으로...
이후 조금 일정이 빨라질 것 같으나 급할 건 없다.

갑자기 이집트에 가고 싶다.
그로써 지중해 문화의 모든 것을 섭렵하는 것이다!

이리하여 이집트, 그리스, 로마, 비잔틴, 바로크, 르네상스,
로코코, 신고전에 모던, 포스트 모던까지의 스펙트럼에 대해 최소한 '일견'을 이루리라!

'알라와 술탄 술레이만의
도움으로 드디어 아야소피아를
능가하는 모스크를 이루게 되다'

이기는동안 131의 모스크와
200개의 건물을 설계한 건축가
시난의 역작. 술레이마니 모스크.

거대한 어둠의 그릇을 떠다니는
빛 조각들...

사람이 가득하였으나
사람이 보이지 않다.
060415.

알함브라! 터키여~ 이스탄불!

060415. ISTANBUL. TURKEY

이스탄불의 마지막 하루가 저물다.
이로써 15일간의 터키 여행을 정리하게 되다.

두려움으로 시작하여 뭔가 아쉬움으로 끝내게 되다.
시작부터 흉흉하여 이곳에서 살아 나간다면
나머진 두려울 게 없을 거라 생각할 정도였으니...사실이다.
우연히 길 위의 친구를 만나고 먼 길을 같이하게 되어 더욱 즐길 수 있었다.
아니었다면 아마도 많은 것들이 생략되었을 터...

길 위에서 차를 권하는 젊은 선원과
쪼그려 앉아 그림을 그리고 있을 때 다가와 사탕을 건네는 노인...
그것을 거절하며 의심의 눈초리를 보내는 나는 잘한 것이냐, 무례하고 소심한 인간인가!

이리하여... 행복했던 터키의 일정은 끝났다.
마지막 날도 여지 없이 맑은 하늘과 이스탄불의 전경을 빠짐없이 허락하다.

'알함브라!' 신께 감사를 그들의 말로 전한다.

'골든 혼에 서서 이스탄불을 바라
얼마나 갈망하였는가...'
모스크가 산을 이루고 등 뒤에서며 또
의 모스크가 주인공처럼 당당하게
드러내다, 갈라타 다리 위에선
낚시를 하고 길을 걸으며 음식을 판다

060415. ISTANBUL. TURKEY

밤이 깊어 간다. 내일은 또 무엇이 날 기다릴 것인가.
내일은 불가리아다. 아마도 요구르트만 만들지는 않을 것이다.

허나 조금 더 자신감이 생긴다. 이제 여행은 다시 시작되는 셈이다.
조급해 하지 않으며 두려워하지도 않는다.
그나 저나 뭔가 문제다. 왜 이리 허기가 지는 것일까. 먹어도 먹어도 뭔가 허전한 입...
키가 크려나 보다.

060416..PROVDIV..BULGARIA

060418..SOFIA..BULGARIA

060419..SOFIA..BULGARIA

060420..VELICO-TARNOVO..BULGARIA

060421..VELICO-TARNAVO

060421..BUCAREST..RUMANIA

060422..BUCAREST..RUMAINA

060423..SIGHISOARA..RUMANIA

060425..BUDAPEST..HUNGARY

060427..BUDAPEST..HUNGARY

060427..PECS..HUNGRAY

SKETCHROAD
TOTHEWEST
18000MILE

mile

EASTERN EUROPE
NORTHERN EUROPE

06641
Amphi-theater in Pro

불가리스 · · · 불가리아?

060416. PROVDIV.BULGARIA

불가리아는 과연 요구르트가 유명한가....
아는 것이라고는 불가리스 밖에 없는 미지의 땅에 불쑥, 말 그대로 정보 한장 없이 들어오다..

도대체 어떻게 했는지 알수 없을 정도로 쉽게도, 마침 길을 잃었고
마침 그 영감이 모퉁이에 서 있어서 이곳을 손짓해 가르쳐 주다.
오호! 신의 가호가 함께 하는도다...
누군가 나의 행운을 간절히 기도하는구나.. 집에 전화해야지.

불가리아의 첫인상. 정갈하다. 다시 문명의 땅에 들어온 느낌.
거리의 짙은 가로수, 약간은 음습하고 사람들은 약간 폐쇄적이다.
그리고 충격적으로 물가가 싸구나.

프로브디브... 불가리아에서 두번째로 큰 도시라는데 언뜻 10만이 넘지 않는 듯.
전체는 700만이 조금 넘는단다.
호스텔의 보이시한 아줌마는 문을 잠구고, 커피자판기를 잠구고, 차의 알람을 확인하고 CCTV를 설치했단다.
거대한 셰퍼드 두 마리를 안마당에 풀어 놓고서야 안심이 되나 보다. 습성인가. 현실인가...

060417. PROVDIV.

이곳에서 다시 로마의 원형 극장을 만나게 될 줄이야...
아직도 거대한 옛 로마의 영토에 있는 것이다.
21번째 AMPHI THEATER OF PROVDIV... 또 다른 장관이다.

언덕 위에 만들어진 극장 밑으로 터널을 뚫고 메인 도로를 내고,
평지엔 광활한 도시를 만들다.
객석에 홀로 앉아 현대적 도시와 로만 유적이 펼치는 기묘한 앙상블을 감상하다.

아직도 사회주의의 추억이 짙게 드리운 도시의 곳곳에
낯선 이방인처럼 놓여 있는 로마 유적,
19세기엔 전혀 다른 목조주택의 전통을 꽃피우고,
20세기엔 사회주의의 유토피아를 꿈 꾸었을 터...

19세기 불가리안 '신르네상스'라 불리우는 양식이다.
저층부는 대지 경계선에서 바투 짓고 위층부터 컨닐레버를 내고 곡선으로 구부러진 구조부재를 덧대었다.
어느 골목은 두 건물이 계속 밖으로 밀고 나와 골목을 다 덮을 지경이다.
어딘가에서 유래가 있었을 것이나 알 수가 없고 단지 그 양식만을 즐길 수 밖에 없어 안타깝다.

허나 왠지 허하다.
삶의 때가 묻지 않고 왠지 관광객을 위한 테마파크처럼 거리는 삶의 무게가 느껴지지 않는다.
아마도 낯선 이들의 시선을 버티기엔 그들의 삶이 너무도 평안하였나 보다.

불가리아의 두번째 밤.
밤이 깊어 가자 간간히 창 밖의 묵직한 풍경이 다시 유럽임을 실감케 한다. 뭘까...
그리스와 이태리, 터키와 다른 공기.
아마도 여행의 시작 때 잠깐 보았던 프랑스 북부의 짙은 공기와 침침함을 일깨우는,
공기, 빛, 더욱 더 짙어지겠지... 마르지 않고 빛이 들지 않는 어두운 골목의 냄새다.
무언가 누적되며 쌓여서 스멀스멀 방안과 도시를 가득 채우는 대기,
숨쉴 때마다 걸을 때마다 느낄 수 있는 역사의 무게...
진득한 암흑, 중세의 느낌... 조금 더 올라가 보자

060418. SOFIA. BULGARIA

이제 날씨에 따라 컨디션이 결정되나 보다.
눈을 뜨고는 몸이 찌뿌둥하더니 결국 길 위에서 비를 만났다.

SOFIA에 가는 길에 RIRA MONASTRY를 보고 가기로 하여 고속도로에서
남쪽으로 향하였으나
예상보다 2시간이나 더 걸리고 표지판도 없이 정신없이 헤매어 곧 녹초가 되고 말다.

길을 잃고 국도변의 작은 마을들을 스쳐 지날 때
마치 북한이나 연변의 거리를 몰래 카메라로 촬영한 사진처럼 거칠고 투박한, 핏기 없이
창백한 거리.
우두커니 길가에 나 앉은 노인들과 낯선 자동차를 주시하는 행인들.
더 이상 요구르트 병을 들고 해맑게 웃는 에이프런의 아가씨는 없다.

첩첩산중 계곡을 따라 30여 km를 올라서야 RIRA MONASTRY에 이르다.
오스만의 크리스트 차별과 박해를 멀리도 도망쳤나 보다.
그 깊은 산중에 철옹성 같은 클러스터를 짓고 가운데에 비잔틴 모나스트리를 세우다.

SOFIA에 이르는 험난한 길...

작은 전시관에 녹녹치 않은 역사의 켜가 묻어나는 가운데,
검은 두건을 뒤집어 쓴 처자가 조심스런 발걸음으로 돌아다니다.
그 경건함과 경탄이 나에게도 느껴질 만큼 그녀는
조심스레 이곳 저곳을 둘러보며 들리지 않는 탄성을 내뱉다.
결국 전시관의 성인의 초상 앞에서 우두커니 서서는 눈물을 글썽이는 그녀...
그러고는 내가 돌아 나갈 때까지 움직일 줄 모르더라.

평생을 기려오던 대상을 눈앞에 대하듯... 그녀에게 신은, 이곳은 그런 곳이었나 보다...

허나 나에게는... 아름답고 매력적이었으나. 왠지 마음이 거칠다...
스케치하는 손이 조급하여 이도 마음처럼 되지 않자 결국 돌아서고 말았다.

단절의 땅이다...
주변 문화의 흥망에 따라 주인이 바뀌고 문화의 양식이 바뀌다가 결국 도시는
50년 사회주의의 허망한 썰물에 앙상한 콘크리트 골조만 남았고
자본주의의 천박한 간판이 파사드를 채워가고 있다.
내일은 그 갯벌에서 조개라도 주워보자.. 밤이 깊었다... 거리는 죽은 듯 조용하다.

CORNER
C 6362 XT

역사의 꼴라쥬... SOFIA

060419. SOFIA. BULGARIA

종일 시내를 정처 없이 걷다.
특별히 봐야 할 것도 급할 것도 없이 걷다.
우두커니 멈춰서 스케치하고 또... 걷다.

꼴라쥬를 보는 듯...
뜬금 없이 나타나는 로마시대 교회유적.
돌아서면 이슬람의 모스크가 나타나고
19세기 독립전쟁 영웅을 기리는 거대한 교회.
사회주의 혁명을 찬양하는 거대한 기념비와 신고전주의 양식의 청사
그리고 자본주의의 첨병 맥도날드까지...
허나 어느 것 하나 메인 스트림이 되지 못하고
도시의 허술한 콘크리트 건물 위에 덕지덕지 오려 붙여 논듯...
코너를 돌아설 때마다 깜짝 놀라 우두커니 서게 만들다.

Moutain Vitosha in Sofia.

구석 구석 발칸의 2000년 역사의 편린만이 가득하다.

NATIONAL PALACE OF CULTURE라....
이름도 거창하여 광장엔 이름 만큼이나 거창하고 거대하며
낡고 흉물스런 기념비가 서있다.
아마도 사람들의 눈에서도 사라진 듯 광장은
또 다른 자본주의 기념비들로 둘러 싸여 간다.

도시의 남쪽 끝에는 거대한 VITOSHA산이 장막을 드리우다.
정상에는 아직도 눈이 쌓여 있다.
아마도 늦봄까지는 스키를 탈 수 있을 것이다.
도시는 영역을 넓혀 가며 멀리 산 밑에까지 이르다.
남쪽에 높은 산이라... 이 또한 익숙치 않은 배치다.
굳이 풍수지리를 따지지 않더라도 서향 빛을 등진 산의 실루엣은 왠지 낯설어 또 한참을 멍하니 바라보다.

이름은 들어봤나~ VELICO-TARNAVO!

060420. VELICO-TARNOVO. BULGARIA

'SNAKE-RIVER'라더니 정말... 뱀이 두번, 세번 꼬리를 틀듯 휘어져
좀처럼 길을 찾기가 쉽지 않다.
그 틈새기 비탈에 바득바득 집을 짓고 살다...
하루 종일 지나쳤던 광활한 평야엔 사람하나 구경하기 힘들었는데...
기어이 이곳에 이렇게 살아야 되는 이유는?

어두워지기 전 가벼운 차림으로 두리번거리다.
늙은 노인이 지팡이를 짚고 산책을 나오다.
그와 앞서거니 뒷서거니 느린 걸음으로 낯선 마을을 감상하다.
스케치 한장 하러 쪼그려 앉았을 때.. 아마도 그의 하루 일과도 끝이 났나 보다.
노인은 다시 집 방향으로 느릿느릿 걸어 간다.

060421.VELICO-TARNAVO.

간밤에 술을 마시고 새벽에 코고는 소리에 잠을 설쳐서는 늦잠을 잤다.
부시시 밖에 나섰더니 언덕 밑으로 아침 햇살을 등지고 안개 속에 우뚝 선 성이 펼쳐지다.
부리나케 카메라를 들쳐 메고 골목 앞 빈터로 가서 정신없이 사진을 찍어대다.
아마도 다 똑같은 사진이리라.

스케치 한장을 겨우 마치자 안개는 가시고 하늘은 다시 구름 속으로 우중충해지다.

빛과 그림자로 선명히 망막을 자극하던 세상은 다시 밋밋한 평면으로 가라앉다.
빛을 잃자 다시 지루해진 도시...
떠나기 전 성을 둘러보았으나 사진 한장 찍지 못하고 돌아서다.
나는 해바라기다...

첫 만남은 비다.
여장을 풀고 저녁을 끝내자 후둑, 후둑 떨어지던 비는 이내 한바탕 시원하게 쏟아지다.
노을이 지는 낯선 도시에서 만난 비… 다행히 숙소 침대 머리맡 창가에서 걱정없이 여유롭게 바라보다. 하나 둘 불이 켜지고 어둠이 차오자 함께 밀려드는 객창감…
이곳은 루마니아. 부카레스트…
비는 그치고 도시는 어둠 속에 잠기다.

BUCAREST...첫날밤의 비,,, 객창

060421. BUCAREST. RUMANIA

루마니아다. 이번엔 아는 것이라곤 체조선수들 뿐...
국경을 넘는데 애를 먹었으나, 친절한 직원의 도움으로 겨우 통과하다.

로시의 운전석을 처음 내주고 역시 조수석에 처음 앉아 보다.
너무 편하다.. 허나 그가 너무 거칠게 다루자 미안해졌다.
죽으나 사나 여행의 끝까지 함께 할 나의 파트너다...

물어 물어 부카레스트, 숙소에 도착하다.
여장을 풀고는 숙소 앞 거리를 배회하며 물가정보를 파악하다.
그리 싸지 않다. 거리의 모습은 SOFIA와 유사하여 익숙했으나 조금 더 지켜보기로 하다.

미국 출신 동물보호협회 아줌마와 정체불명의 수상한 양키와 하룻밤 동숙을 하게 되다.
낯선 조합만큼 낯선 도시의 첫날 밤...
이젠 익숙한 낯설음...

Matiz
DAEWOO
Coca-Cola
LUKOIL

BUCAREST. 길 위의 소나기..

060422. BUCAREST.RUMAINA

오후 3시. 길 위에서 만난 소나기는 차라리 신선했다.
300만이 사는 한 나라의 수도보다 맑은 하늘에서 갑자기
쏟아지는 비가 더 흥미로웠다면 이상한가...

이곳이 자랑한다는 거대한 인민궁전과 화려한 분수에 역겨움을 느낄 때부터
난 이미 틀렸는지도 모른다.

거대한 인민광장엔 인민은 없고 몇대의 관광버스만 삘쭉이 서 있었다.
화려한 분수는 정신없이 물을 뿜어 댔지만 누굴 위해 그리 뿜어 대는지...
도시는 무표정하고, 그 날선 경계심에 불쾌하기까지 하다.
그 꼬마 거지들이 가방에 손을 대는 순간 이곳에 대한 나의 노력도 끝이 나다.

이스터를 하루 앞둔 이곳도 축제를 즐기려는 듯,
그 썰렁하던 거리에서 큰 음악소리와 접시 부딪히는 소리,
왁자지껄 떠드는 소리가 들린다.
허나 그 소리들 마저 나의 단잠을 방해하는 소음으로 들리니
난... 이제 이곳을 떠나야 한다.

먹어도 마셔도 가시지 않는 갈증...
잠은 그나마 잠시 잊게 해주지... GOOD NIGHT!

SIGHISOARA 시아이소라? 소아라?

060423. SIGHISOARA.ROMANIA

하룻밤 묵어가는 도시 이름의 발음조차 정확히 알지 못한 채로 밤이 깊었다.
부카레스트로부터 오는 길은 멀지도 않으면서 순탄치 않았다.
추월 중 속도위반으로 경찰에 딱지를 떼일 뻔하고
어느 한적한 길가에선 다가오는 낯선 이들에게 겁을 먹고는 줄행랑을 쳐야 했다.
허둥지둥이다.
신경이 곤두서서 도무지 여유가 없다. 바보 같다. 어리석다.
오후에 마을에 들어와 길을 헤매던 중
뾰족 솟은 중세 풍의 성곽을 보고는 숙소를 잡자 마자 성으로 향하다.

날선 지붕들과 굴뚝, 성곽의 뾰족한 고깔 타워들이
눈을 자극하여 연신 고개를 쳐들고 두리번거리다.

뒷골목 작은 집들 조차 인간들의 냄새가 나는 소박한 풍경,
이 나라 수도에선 볼 수 없었던 것이다.

비록 먼 길이 되더라도 내일은 부다페스트에 가야겠다. 600여km가 되겠지..
가는 길에 모든 것을 놓칠지라도 아쉽지만 그곳에 가야겠다.
좀체 마음을 잡을 수가 없다.
루마니아와의 인연은 아마도 다음 기회에…

석양에 실루엣으로 번쩍이는 SIGHISOARA 성곽이 어둠 속으로 스러져 간다.
바 안쪽에는 젊은이들이 먹고 마시며 떠들고 즐긴다.
그 틈을 헤집고 다니며 음식을 구걸하는 어린이들...
도심에 내려온 원숭이처럼 빙빙 돌다가 음식을 한주먹 움켜 쥐고는 도망친다.

아~ 나도 어서 도망치고 싶다.

060425. BUDAPEST. HUNGARY

서쪽으로 6000여km를 달려 부다페스트에 들어오다.
다시 시간을 1시간 거슬러 돌다.
해가지는 곳으로 종일 달리다 보니 평소보다 한 시간 더 석양을 감상했다고 해야 하나.

정면에서 쏘아 붙이는 석양 속에서 부다페스트의 화려한 실루엣 속으로
깊숙이 들어와 강을 건너고 빽빽한 주택가 사이의
작은 호스텔에 안착하자 이내 날이 저물었다.

다시 SYSTEM 속에 들어온 느낌이랄까?
도로는 깔끔하고 차들도 거의 신형이다.
도로 위의 정확한, 예쁘기까지 한 라인과 각종 사인들이 얼마만인가...
이태리 이후로 제대로 보지 못했던 정리된 도시... 다시 이것이 그리워진거냐?

아쉽게 루마니아를 빠져 나왔지만 길 위에서 내내 마음이 불편했다.
길 위의 사람들과 작은 마을들이 나에게 등을 돌린 듯 느껴지고 한적하고 평화로운 평야
조차도 선뜻 마음이 가지 않았다. 무엇이었을까?

어찌 됐던 이제 헝가리다.
며칠 묵으며 조금 몸과 마음을 정비해야 겠다.
너무 거칠어진 마음이 다시 여유로워 지길 기다리며 ....

볼펜 찾아... 부다페스트

060426. BUDAPEST 둘째날..

부다페스트에서... 볼펜을 찾아 헤매다....

어디 쯤에서 샀는지 모르는 1.4mm 일본제 볼펜을 애지중지 하였더니.
어느새 잉크가 떨어져 정신 나간 놈처럼 종일 길거리를 헤매다.
'볼펜'을 사기 위해... 미친놈.
허나 이놈의 1.0 모닝글로리 '잘 써지는 펜'으로는 한장 스케치마저 재미가 없으니
어쩌란 말이냐.. 볼펜 탓을 하다니..
결국 숙소에 아가씨에게 여차 저차 했더니 출장중인 '준'이라는 한국 문구 딜러를 소개 시켜 준다!
오밤 중에 헝가리 볼펜 유통 실태와 구조에 대해 자세한 설명을 듣고
내일은 현지인에게 물어 40번 버스나 '테스코' 셔틀버스를 타고
20분 걸려서 '테스코'에 볼펜 한자루 사러 가야겠다... 장하다... 전봉진.
기어이 볼펜을 찾길 바란다!

흑탕물 다뉴브강가에서

060427. BUDAPEST. HUNGARY

비가 많이 내린 탓인지 다뉴브강은 혼탁하고 생각보다 물살이 거세다.
큰 강을 마주하고 페스트와 부다가 마주보고 있다. 19세기 말에사 다리가 연결되었다니 이해할 수 없지만. 덕분인지 두 곳은 전혀 다른 분위기로 주거니 받거니 하고 있다.

거리는 활기가 넘치고 차와 자전거, 행인이 번잡한 거리를 나름의 질서 속에서 매끄럽게 흐른다. 강변엔 산책 나온 가족과 연인, 젊은이들이 사월말의 햇살을 즐긴다.
'그림' 같은 유럽의 풍경이다.

거대한 박물관에서 길을 잃고, 목적 없이 작은 골목들 사이를 오가다.

거리의 1층은 여전히 어둡고 굵은 쇠창살이 내려져 있어
가까이 가지 않으면 뭘 하는 건물인지 알 수 없어 답답하다.
저녁이 되면 불을 끄고 문을 잠그고 굵은 셔터를 내린다.

부다페스트에는... 1.4mm 볼펜이 없다.
어리석게도 집착을 버리지 못하고 교외 대형 할인 매장까지 찾아 나섰지만
결국 볼펜 중계상 '준'의 말대로 1.4mm 볼펜은 없었다.

오는 길에 또 문구점을 기웃거리다... 엉뚱한 펜 2자루를 사고는 포기했다.
어이가 없어 껄껄 웃으면서도 새로 산 펜이 나름대로 재미가 있어 그러길 잘했다고 자위하다. 젠장! 훌륭한 목수는 연장 탓을 하지 않는다...고 했으나 난 목수가 아니므로 펜 탓을 좀 하지~!

이 펜에 익숙해지면... 또 이걸 찾아 길을 헤맬거니?... 그래서 2자루 샀다.
잘했다.. 전봉진!

CITADELLA Hill, BUDA
060427.

두달여 지중해 인근을 돌다가
내륙으로 들어와 왠지 모를 답답함을 느꼈으나
호방하게 흐르는 다뉴브강가를 거닐어
Gellert-hegy 언덕에 올라 시내를 바라보고는 갈증이 가시었다.
이 젖줄이 도대체 얼마나 많은 이들의 가슴을 적시며 흐르는지...
불현듯이 강을 따라 올라가볼까 하는 생각도 든다.
불가능한 일도 아니지...
BEOGRAD, BUDAPEST, BRATISLAVA, WIEN...
4나라의 수도와 수많은 주요 도시가 이 강을 생명줄 삼아 자리 잡았다니...
갑자기 궁금해지는군... 이 강에 다리가 도대체 몇개나 되지?

굴야시... 헝가리 전통음식이라는데 우리나라 육개장 모양이다.
맛도 괜찮아서 유스호스텔 가이드가 저녁으로 한 양동이 만들어
모두 맛보는 와중에 정신 없이 두 그릇을 해치웠다...
이제 부다페스트를 떠날 때가 된 것이다.

곧 오스트리아를 건너 프라하다. 아직 갈길이 멀다.
이제 다시 유럽인데 몸이 자꾸 무거워지다니...
잘 먹고 잘 자자... 두달여 행복하게 살다 돌아가자...
살쪄서 돌아가자!
남은 두달의 모토 되겠다!

060427. PECS. Hungary.

Pecs!.. shut up!

060427. Pecs. hungray

속았다.

흔한 광장 하나와 로마 바실리카 성당.
땅속에서 이제 막 건져 놓은 초기 교회 유적들, 흔적만 남은 citadel!
아 지겨운 citadel 같으니.. 도대체 여기는 뭐냐!
젠장, 그림 한장 안보이더니.. 결국 별게 없었구먼!

그나 저나 도대체 저 지붕 꼭대기 모양이 하나 같은 게 없는 이유는 뭐냐...

060428. GRAZ. AUSTRIA

동중부 유럽에 장마전선.....

아침 일찍 서둘러 출발하였으나
보슬보슬 내리는 비로 길은 젖고 좁아 정오가 가까워서야 국경을 넘었다.
비와 안개로 그림 같은 헝가리의 작은 마을들과 수묵화처럼 몽롱한 평야를 뒤로 한 채,
수월하게 국경을 넘어 다시 '유로'의 세계로 들어오다...

고속도로에 접어 들자 갑자기 굵어지는 빗줄기, 이에 아랑곳하지 않고 130km으로 질주하는 차들…
안개와 비. 질주하는 차량들이 흩뿌리는 빗물들로 거의 차선을 분간하기 힘든,
그렇다고 속도를 줄일 수도 없는, 거의 무아지경 속에서 달리는 와중에
갑자기 쏟아지는 졸음은 또 뭐냐...
겨우 휴게소에서 쉬며 정신을 수습하고 고속도로를 빠져 나왔으나 한참을 헤매고 친절한 젊은이가 동승을 한 끝에 겨우 숙소에 도착하다.
호된 신고식이다.

비에 젖은 GRAZ.

060428. GRAZ. AUSTRIA

비가 그칠 줄 모르자 오히려 마음이 편해져 느긋하게 시내로 나가다.
옷이 서서히 젖어가자, 자꾸 마음도 추레해져 결국 비싼 우산을 하나 사고 말다.

고풍스런 광장과 건물들 사이에 갑자기 두둥, 말 그대로 두둥실
나타난 저 괴상한 GRAZER KUNST HOUS! 푸르스름한 소염통이 강가에 비를 맞고 서있다... 하하...!
미술관 폐장시간이 가까웠으니 내일로 미루고 돌아서자 또 강 위에 두둥실 떠 있는 MURINSEL…강 위에 떠 있는 섬이라...

며칠 계속 내린 비로 강은 거친 흙탕물로 넘실대는 가운데
그 위에 고요하게 떠 있는 철과 유리의 성근 망.
브리지를 조심스레 걸어 물 속으로 들어가자 뜻밖에 아늑한 카페가 나타나다.
거금을 주고 커피 한잔에 귀퉁이 한자리를 차지하다.

거의 두달간 황망한 폐허와 고린내 나는 유적들 속을 헤매다 다시 최첨단의 철과 유리의 유기적 공간 속에서 비를 피해 커피 한잔을 즐기다.

거칠게 쏟아지는 비와 어깨 너머로 넘실대며 흐르는 강물을 유리 돔 속,
잔잔한 음악과 함께 관조하다.
야생의 터키, 똥구멍 찢어지게 가난한 동유럽을 거쳐 다시 '선진국'의 도시에 들어온 것이다...

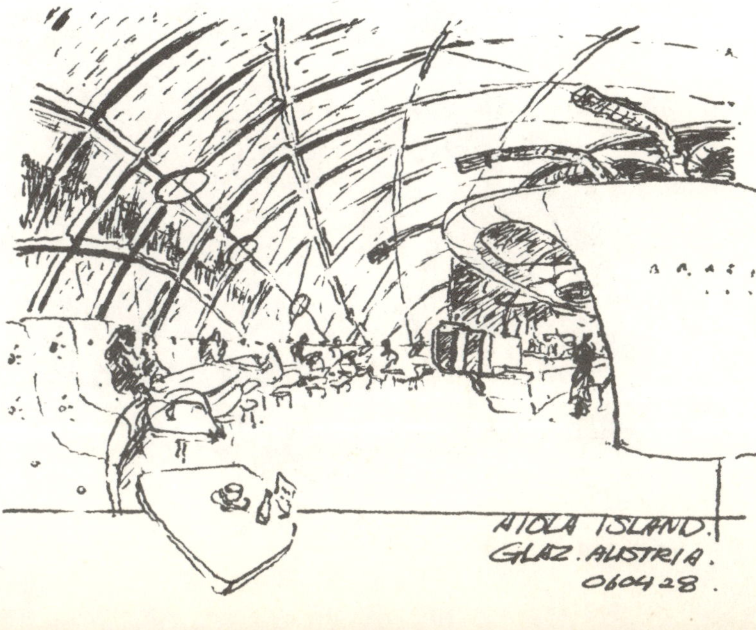

어두워지는 거리를 걷다 케밥 2개를 사 들고 전차가 다니는 길을
나작 나작 콧노래를 부르며 돌아오다.
우산이 있으니 조금 더 여유로워지는군. 젠장!

근사한 유스호스텔에 컴퓨터가 3대...
온갖 보안 프로그램을 설치하고 20분에 2000원, 사용자 코드에 타임아웃 프로그램으로 호들갑을 떨더니 결국 영어와 독어 뿐...
서쪽은 좀 나은 줄 알았더니 여전히 인터넷은 무슨 최첨단 무기인 마냥 호들갑을 떨어대는 데 그냥 포기하고 말다.. 후진 넘들!

060429. GRAZ. AUSTRIA.
그칠 줄 모르고 내리는 비에 강물은 더욱 거세지다. 근사한 아침을 배부르게 챙겨 먹고 불어난 강을 따라 길을 걷다 옛 성곽이 있던 언덕을 오르다.
이른 아침 여행객들은 아직 늦잠을 자는 토요일이다.

한눈에 보이는 글라쯔의 시내, 고즈넉한 붉은 기와 지붕들 사이로 풍선처럼 부푼 푸르스름한 소염통이 놓여 있다. Friendly Alien! 빌바오의 구겐하임 이후에 도시에 충격주기 일환이냐? 어쨌든 성공이다. 나 역시 저게 아니었으면 여기에 오기 힘들었겠지. 도시는 건축을 이해하고 그 가치를 즐길 줄 안다. 부럽다.

흐린 날보다는 비오는 것이 차라리 낳았으나 오후가 되자 곧 몸과 마음이 지쳐 외곽의 컨벤션 홀을 둘러 보고는 돌아서다.
여행에서 만나는 장마라... 지치지 않기를 바랄 뿐이다. 토요일이다. 숙소엔 또 여기저기서 모여든 여행객들로 가득하여 방에도 낯선 언어들로 가득하다. 약간 정신 나간 또라이도 하나 들어와 혼자 웃고 하품하고 코를 풀더니 또 혼자 실실 웃고 전화 통하하더니 잠깐 나갔다... 토요일이다.

WIEN에 가는 길을 확인하고
이내 소심함을 스스로 비웃고는 지도를 치워 버리자 졸립다...
창 밖에 비소리가 그득하다.

Restaurant
Krebsen Keller
5 Andritz

두번째 Wien, 첫번째 기쁨.

060430. WIEN. AUSTRIA

북쪽으로 200km를 올라 왔으나 비구름을 벗어나진 못했나 보다.
기온이 더 떨어져 다시 2월이 된 듯... 길거리엔 두툼한 외투로 싸맨
행인들이 종종 절음을 걷다.

내일까지 비가 오고 그칠거란다. 그리고는 여름일려나?

점심시간에 숙소에 도착하였으나 청소 시간이라 갈 곳이 없어져 지하철을 타고 시내로 나가다. 5년 전 한번 와본 기억은 온데 간데 없이 낯설고 우중충한 하늘로 도무지 방향을 잡기가 어려웠다. 겨우 미술사 박물관을 찾아 들어가 오후 시간을 보내다.

이집트에서 초기 기독교에 이르는 조각들과
루벤스, 렘브란트, 벨라스케스, 브뢰겔 등이 거대한 방들에 가득하다.

렘브란트의 늙어가는 모습을 지켜보다
그 중 30대쯤 돼 보이는 자신만만한 표정과 자세의 자화상 포스트카드를 한장 사다.
지금 나의 현재 자화상은 어떤 표정일까?

어두워지는 거리를 걸어 사람들로 북적거리는 바에서
오스트리아 돈까스와 맥주 한잔을 시켜 먹고 들어오다.

안좋은 추억으로 가득했던 WIEN.
그 타락한 태권도 관장은 여전히 기차역에서 민박집 삐끼짓을 하고 있을까?
3일 지하철 패스를 사며 오스트리아에서 지하철 공짜로 타는 법을 설파하던 그가 생각나 쓴웃음을 짓다.

060501. Wien. 둘째날.

1890년에 나서 1918년에 28살로 요절한 에곤 쉴레.
이 유명세를 타는 작가의 작품을 가장 많이 가지고 있다는 Leopold 뮤지엄에 가다.

묵직한 색감의 거친 표현주의 기법으로 20살에 그렸다니...
젠장... 젊은 치기마저 느껴지는 그의 화상을 바라보다 질투마저 느끼다.
크림트의 큰 포플러에 입을 헤벌쭉하고 감탄하다.
그림 한점으로 커다랗고 하얀 방 하나를 가득 채울 만큼 풍성하다.

그러는 사이 그림 사이에 커다랗게 난 창문으로 강한 햇살이 들어오고 맑게 개인 빈의 하늘이 나타나다... 드디어... 장마가 끝났구나.

세기말 세기초의 불안함으로 가득한 미술관 안에 있기엔 날이 너무 화창하여 서둘러
세인트 스테파노 돔으로 향하다. 성당 앞 광장엔 아마도 1000명은 넘게 모였으리라.
번화한 거리에 모든 번잡함을 삼켜 버리듯
세월의 때로 검은 심연처럼 버티고 선 성당, 광장을 가득 메우고 링의 중심이며
도시의 랜드마크이자 빈의 정신적 상징이다.
수많은 인종과 소음, 소매치기와 삐끼들, 커피 냄새와 소시지 굽는 연기,
수많은 카메라의 초점이 되면서도
거대한 고딕 성당은 초연하게 모든 것들을 포용하며 무대의 검은 장막처럼,
때론 광장의 오벨리스크처럼 스스로 공간을 만들고 스스로 중심이 되다.

덕분에 자유루워지다.
그들처럼 나 역시 성당 앞 광장의 천명 중 한명일 뿐이다.

서양건축사의 뮤지엄 Wien.

060501.Wien. austria

링을 따라 건축사를 탐험하다.

고딕의 스테판 사원을 벗어나
네오고딕의 시청사. Greek Rivivalism의 국회의사당,
그리고 바로크 양식의 교회와 빈 출신의 모더니스트 Otto Wagner의
기차역과 우체국, 그리고 빈 분리파의 Sessecion까지...
반나절 만에 2000년 서양건축사의 견본들을 섭렵하다니... 배가 고프군...

역사의 켜가 고스란히 쌓이고 있다.
작으나마 그 거대한 지혜의 한 웅큼이라도 내 안에 남기를 기원한다.

Greek Rivivalism의 국회의사당이다.
양식적 차용에 그치지 않고 신전의 배치처럼 정면을
높은 기단으로 처리하여 위엄을 더하다.
광장엔 헬레니즘 양식의 동상을 세우고 측면엔
아테네 아크로폴리스의 신전을 모방한 측면 출입구를 두다.

그리스 신전은 이곳 서구문명의 영원한 교본이며 출발점이다.

TIMEWEAR & JEWELS

060502. Wien. 둘째날

벨베데레 궁전의 미술관으로 하루를 시작하여 뮤지엄 쿼터의 Architectrue Wien 뮤지엄으로 끝을 내다.

이곳 사람들은 영화를 보듯 뮤지엄과 음악회를 보는 듯 길거리엔
새로운 전시와 음악회 포스터가 가득하다.
쉴레와 클림트 컬렉션을 휘휘 돌아 광활한 궁전의 안마당에 앉아
관광객들 사이를 무심히 조깅하는 사람들을 바라보다.
번들거리는 관광 도시 속에서도 소리 없는 일상이 흐르고 있다.

오스트리아 근대건축사를 정리하는 전시를 보고 돌아서기 전
다시 찾은 스테판 성당엔 여전히 사람들로 가득하다.
한 무리의 젊은 춤꾼들이 능숙하게 사람들을 모아 한판 걸게 놀고 있다.
성당은 역시 소리없이 광장의 주인공 자리를 내주고 훌륭한 무대가 되어 주고 있다.

이리하여 빈을 마치다. 숙소에서 저녁을 먹고 남은 일정을 짜다.
남은 한달 반이 드디어 짧게 느껴지다. 드디어 내일은 프라하다.

아무것도 기대하지 않고 그래왔던 것처럼 불쑥 찾아가리라.
처음 여행을 떠나던 날처럼 다시 마음이 설레다.

로비는 늦은 밤까지도 단체 여행객들로 왁자지껄하다.
결코 빈은 비워지지 않을 모양이다.

숙소에서의 저녁이 형편없어서 배가 고프다.
언제나 배가 고픈 길 위의 하룻밤이 끝나다.

석양 속의 카를교...

060503. PRAGUE.

석양 속에서 커를교를 걷다.
성과 탑, 지붕들의 날카로운 선과 조각상들이 검은 실루엣으로 더더욱 강조되어
아픈 개처럼 숨을 헐떡이며 한 발자욱 걸을 때마다 멈춰 서서 사진을 찍어대다.
내가 무엇을 할 수 있을까.
턱없는 스케치로 이 광경을 담을 용기가 없고 그저 사진이나 찍어댈 밖에...
젠장, 묘사할 글재주도 없구나.

나도 모르는 사이 다리를 건너 이름도 모르는 바로크식 성당 앞에까지 가서야 돌아서다.
그러자 마지막 선명한 석양빛에 창살 하나까지
선명하게 살아나 잔인하게 눈을 자극하다.
다리 위엔 수천명의 사람들이 앉고 걷고 사진을 찍고 그림을 그리며 떠들고 웃다.
번잡스럽기는 커녕 그것들 조차 자연스러운 풍경이 되다...

프라하다. 화려함 속에 숨은 이 음산한 외로움은 뭐지?
모든 화려한 풍경들 속에 짙은 회색이 배어 있다.
이것은 뭐냐...

060504. PRAGUE 둘째날

도시의 가장 높은 곳에 오르는 것!
낯선 도시를 찾아가서는 가장 높은 곳에서 바라보고 싶다고 느낀 적이 있었지..
이스탄불... 그리고 이곳 프라하다.
가장 높은 곳에서 지평선에 비친 도시의 스카이라인을 보고싶어
단숨에 수백 계단의 St. Vitus 성당 첨탑에 오르다.
끝없이 펼쳐진 도시에 수없이 많은 뾰족탑과
공주 풍의 어깨 뽕처럼 부푼 지붕들이 저마다 다른 모습으로 솟아나다.
시대 순으로 늘어놓으면 그대로 서양건축사가 될 만큼 다양한 양식들이 기묘한 조화를 이루며 늘어서다.

작은 도시에 가까운 크기의 프라하 성을 둘러보다. 초기 로툼다를 시작으로 고딕을 거쳐 르네상스 양식까지 증축과 개축을 반복하여 오늘에 이르다.

수많은 부재와 장식들이 거의 작은 패턴을 이루어 차라리 모던한 느낌마저 나게 하는 또 하나의 고딕공간의 걸작!

허나 오늘의 주제는 바로크다.
LORETO를 거쳐 Little Quarter의 중심 St. NICHOLAS성당에 이르다.
'HIGH BAROQUE'!
직선이 없구나. 물결치듯 구부러지고 휘어져 공간마저
사라지게 하는 곡선과 징그러울 정도의 장식...
거기에 온갖 금박과 프레스코는 빈틈없이 채색되고 화려한 패턴과 색채의 석재...

큼직한 창문으로 공간은 밝고 쾌활하여 고딕공간의 숙연함은 찾아볼 수 없어 관광객들마저 훨씬 쾌활하다.

신과 인간의 만남이 아닌 인간과 인간, 인간과 권력, 돈의 만남!
차라리 솔직한가? 너무 비관적이냐?
한 문명의 끝에 와 있는 느낌, 그것이 사실이다.

J.BONG
IN. VLTABA

볼타바 강가를 걷다.

060504. PRAGUE

강에는 오리배를 타는 연인들과 나룻배로 낚시를 하는 노인네,
유람선에서 와인을 즐기는 관광객들이 가득하다.

작은 섬은 나무가 가득한 공원이고
경치가 좋은 양지머리는 여지 없이 카페와 레스토랑이 자리하고 있다.
강변에는 빵빵이 창과 발코니를 가진 고풍스런 집들이 빼곡히 둘러싸, 강변을 더욱 화려하게 하다.

060504. PRAGUE

하루를 단순히 좋은 날과 나쁜 날로 나눈다면...
오늘은 좋지 않은 날이었다고 할 밖에...

길거리에서 200KC를 줍고 시작한 하루...
유대인 지구의 작은 골목들에 모여든 엄청난 인파에 시달리며 금방 피곤해지고 말다.

유대인 CEMETERY의 엄청난 묘비석이 심상을 자극하였으나
인파에 떠밀리며 짜증이 나자 몸도 지친 것이 덮쳐
그만 허덕 허덕 강변까지 걸어가 잔디밭에 드러눕고 말다.

이도 여의치 않은 것이 햇볕은 뜨겁고 그늘은 추워서
이러지도 저러지도 못하고 몸 가는 곳을 찾지 못하다.
다시 카를교를 무턱대고 건너다 우직한 브라스 밴드가 촌스럽게 연주하는 음악을
가만히 듣고 있자니 마음이 한결 나아지다.
다시 마음 편한 여행자가 되어 동전 하나 던져 주고 돌아서다.

무엇이 저 많은 이들을 이 광장에 모이게 하는지….
뾰족한 성당? 차없는 보행자 공간? 비둘기?
거지? 새까만 동상들?

나는 왜 그 안에 있는지…

이곳은 화려하고 어느 곳 못지않게 아름다운 곳이나 자꾸 외롭게 만드는 뭔가가 있다.
동양인이 많아서 그런가? 어느 곳보다 한국 단체 관람객과 젊은이들이 많다.
물론 나에게 먼저 말을 걸어오는 이는 없다.
나의 몰골은 내가 보더라도 영락없이 동남아 사람이다.
여행 이후 가장 많은 인파다.
겨우 2주 전엔 어느 고원의 유적지에 단 둘이 있었다.
날씨 또한 너무나 화창한 봄날이다.

3일을 버티기 힘이 드는 구나. 지쳤나? 일찍 들어와 근사한 스프를 만들어 먹고 올라와 또 길 떠날 준비를 하다.
창 밖으로 정원에서 기타를 치고 노래를 하는 소리에 더욱 외로움이 밀려온다.

5월 5일이니... 딱 3달째 되는구나.
힘내서 조금 더 즐겨 보게나... 뿡!

베를린은 여전히 공사중!

060506. BERLIN. GERMAN

빽빽한 침엽수림 사이로 시원하게 뚫린 고속도로를
130km로 달렸으나 끊임 없이 뒤차들이 추월해
순식간에 아득히 사라져 간다.
독일의 아우토반에 들어선 것이다.

백미러에 새까만 아우디의 싱글 프레임이 가득차면
갓길로라도 숨고 싶은 만큼 위압적이다.

벤츠, 아우디, BMW의 나라, 독일이구나!
허나 고속도로에서 사고가 나서 갑자기 길이 막히고 공사중으로
갑자기 길을 막아 샛길로 돌아가느라 애를 먹다.
명성이 무색한 지경이다.

음습한 숲이 끝나자 곧 도시가 나타났다.
고속도로 끝에서 길을 잃고 헤매고 갑작스런 돌풍과 소나기에
정신이 아득해진 한참 후에야 겨우 숙소를 찾고 여장을 풀다.
빵 한조각을 먹고는 곧 시내로 나가다.

포츠담머 광장이다.
5년 전 황량한 공사판들이 어느 정도 정리되고 도시에 활력이 돈다.
거대한 월드컵 광고판이 걸리고 작은 이벤트 깃발들이 수없이 나부끼다.

나무 한 포기 없이 철과 유리의 메마른 광장,
역사의 굴레로부터 자유로운, 아니 아픈 역사로 인한 황무지를
애써 지우고자 더더욱 호사스럽고 날카로운 최신 하이테크 건물들로 에워 쌓인 베를린의 새로운 상징,
몇조각 남은 콘크리트 월만이 덩그러니 관광객들에게 역사를 환기시킨다.
유럽 어느 도시와도 확연히 다른, 다이내믹 베를린의 에너지가 느껴진다.
여전히 진행중인, 완성되지 않은 도시다.

벤츠와 아우디, BMW의 나라
분단의 상징 부란델부르크문 광장
여전히 공사중인 베를린...

베를린에 오고 싶었던 첫번째 이유는 아이러니 하게도 터키를 보고 싶어서였다.
페르가몬 뮤지엄, 터키 페르가몬 아크로폴리스에는 황무지 밖에는 남아 있지 않았으므로,
모두 독일놈들이 훔쳐가 거대한 뮤지엄을 짓고
마치 자신들의 보물인양 자랑스레 전시를 하고 있는 것이다.

아침부터 마음이 급하여 전철을 서너 번이나 잘못 타는 멍청이 짓을 한 후에
뮤지움에 겨우 도착하다.
이런, 이곳을 본적이 있구나, 5년 전에 이곳을 스쳐 지나가며
이 새까만 건물이 뭐냐, 관공서냐? 하며
그 멍청한 하이테크 모던 빌딩을 찾아가기에 바빴던 것이다.

제우스 제단을 그대로 옮겨와 거대한 홀 하나를 가득 채우다.
사람들은 제단을 한바퀴 돌고 계단에 앉아 마치 햇볕이라도 쬐는 양
멍하니 오디오 가이드를 경청하다.

거대한 그리스의 신전들, 앗시리아의 조각들과 보물,
페르시아의 성벽을 그대로 옮겨 놓은 유래 없는 전시실, 방을 옮겨 갈 때마다
신음소리처럼 탄성이 새어 나온다.
이집트의 피라미드만 빼고는 모두 훔쳐왔구나... 진짜가 아니기를...
잘 만든 모조품들 이기를...

이것들은 이곳 잘 흉내낸 인공조명 아래
창백하게 죽어 있을 것들이 아니다.

페르가몬의 언덕 아크로폴리스에, 페르시아의 사막 구덩이에서 조용히 늙어가야
할 것들...

젠장, 이런 기분을 기대했던 건 아니다.
나도 모르게 새어 나오던 신음 소리는 '이것마저...'였던 것이다.

이제 그곳엔 황량한 황무지에 사진 한장과
'DISPLAY IN PERGAMON MUSEUM IN BERLIN'이라는 노트 한줄만 남았겠지...

060508. BERLIN. GERMAN

해가 길어졌구나. 9시가 넘어서야 어두워지다.
5시면 길 위에 있기가 불안했었던 겨울이 끝이 났구나…

베를린에서의 일정을 마치고 하루를 정리하다.
월요일이었지만 다행히 유태인 박물관과 알테스 뮤지엄이 문을 열어 두 곳에 들렀다가
오후엔 정처 없이 거리를 헤매다.
유태인 박물관은 여전히 건재했으나 두번째 여서인지 감동은 덜하고
전시는 너무 말이 많아 소란스러운 느낌까지 들었다.
가는 곳마다 친절하게 다음 동선을 지시하는 화살표들이 왠지 극성스러운 느낌이라서
오히려 유태인을 이해하고픈 맘이 사라질 정도다.

거대한 베를린의 프로젝트, 뮤지엄 섬이라…
아직 한참 공사중인 건물들과 정리되지 않은 블럭들로 큰 그림이 이해되지 않았지만
먼저 수변공간에 대해 다시 한번 검토해 보길…
마치 공단 하천처럼 탁하고 콘크리트 수로를 보는 듯하여 섬이라는 느낌이 들지 않았다.

렘 쿨하스의 네덜란드 대사관은 새 신발처럼 예뻤으나 방문하려면
4주 전에 예약을 해야 한다는 어이없는 통보에 사진 몇장 찍어주고 미련 없이 돌아서다.

IN. St. NIKOLAI .CH.

그리고 오는 길에 베를린에서는 기대치 않았던 소박한 광장...
소박하기엔 교회가 무지 높고 저 멀리 TV 타워 또한 거대했지만
나즈막한 건물들의 위요를 받으며 교회 곁에 서있는 우람한 나무 한그루.
그리고 그 밑에서 커피를 마시는 시민들의 모습이
여느 작은 도시의 광장처럼 마음이 푸근한 풍경이다.

이런 사소함이 도드라져 보이는 건
베를린이 겪어 왔던 역사가 험난해서일까?
그 달리는 속도가 넘 빨라서일까?
아무튼... 다이나믹 베를린의 깊은 곳을 발견한 기쁨이다.

아직 갈 곳을 정하지 못하다.
서쪽 네덜란드까지 가는 중간에 들를 곳이 마땅치 않아 망설이다.

아마 하노버에 들러 하루쯤 묵었다가 여의치 않으면 네덜란드에 바로 갈까 생각 중이다.

어버이날이었구나 종일 전화를 하고 싶었으나
그럴 때마다 전화기가 보이지 않더니... 흠... 핑계다.

엑스포는 끝났다…하노버.

060509. HANOBER. GERMAN

9시 반이 넘었으나 아직 서쪽에는 석양이 남아
불을 밝히지 않고도 글을 읽을 수 있다.
베를린에서 서쪽으로 다시 300km를 왔으니
하루 해가 30분 더 길어진 것이다.

싸늘하게 식어버린 커피처럼 엑스포 단지는 시즌 끝난 해수욕장과 같아
공사판에 인부들만 몇명 나와 지루한 삽질을 해대다.
기대하진 않았지만 설마 이 정도일 줄이야.
을씨년스럽게 뼈대만 남은 네덜란드 관이 멀리서 보이고
몇층 위 죽은 나무들이 썰렁함을 더하다.

허탈함을 달래며 시내로 돌아와 시내를 걷다.
평일임을 의심케 하는 번잡한 시내,
여느 곳처럼 햇볕 잘 드는 양지 테이블 위에 맥주와 커피를 놓고 떠들고 있다.

잘 다듬어진 현대적 도시다.
다른 곳에 비해 화려하진 않았으나 올드타운과 고딕 시청사가 있고
녹지와 공원이 잘 갖춰져 있다. 거리엔 자전거와 인라인 스케이트를 타는 시민으로 가득하다.
시내에 높이 솟은 현대식 건물이 눈에 띄어 굽이 굽이 골목길을 헤매 찾아 가다.
귄터 베니쉬의 무슨 은행 본사다.
철과 유리의 날카로움이 사선의 조형으로 극대화되다.
깨진 유리조각을 쌓아 놓은 듯...
석양 속에서 눈부시게 번쩍이다.
허나 전통적인 공간감과 깔끔한 디테일에 놀라다.
건물을 빙빙 돌아가며 간만에 만나는 현대건축의 즐거움을 만끽하다.

이렇게 반나절 만에 지나칠 만큼의 녹녹한 도시는 아니었으나
어쩔 수 없이 떠나야겠다.
내일은 또 어디로 갈거나.. 어딘들 어떠하리..
길 위가 곧 나의 갈 곳이니...

쾰른 성당의 그림자 속에서...

060510. COLOGNE. GERMAN

1000년 전의 성당이 여전히 도시를 지배하고 있다.
도시의 중심에 성당을 두고 모든 축들은 이로부터 시작한다.

100만이 사는 도시에서 여전히 가장 높으며 아마도 그들의 도시계획에 막강한 영향을 미치리라. 물론 수십만명이 이 성당 하나를 보기 위해 이 도시를 찾는다.
이로 인해 도시의 몇십퍼센트가 먹고 살 것이다.
성당을 벗어나 한참을 걸어도 성당을 벗어날 수 없었다.
이 도시를 벗어나지 않는 한 이로부터 자유로울 수 없는 거대한 검은 그림자와 같다.

석양 속에 육중한 실루엣으로 위용을 자랑하는 강변에서 한참을 앉았다 돌아오다.
작은 사사로운 볼거리들이 너무도 미천하게 느껴지는,
너무도 막강한 그림자 속에서 모네와 세잔느의 소품들 또한 빛을 보지 못하다.

이로써 여행의 한 매듭을 지을까 생각한다. 파리로부터
약 3000여km 떨어진 이 시점에서 내일 후배를 만나 잠깐의 휴식을 취해야 하지 않을까...
휴가중 휴식이라... 좀 지루해진 감이 없지 않다.
머리 속에 이집트가 떠나질 않아 매력적인 작은 골목과
활기찬 거리들이 눈에 들어오지 않는다. 그것이 사실이다.

060517. PARIS. FRANCE

망망대해를 끝없이 헤엄치다 만난 무인도처럼 뒤셀도르프 후배녀석 자취방에서 며칠을 묵다. 첨벙거리지 않으면 가라앉을 것 같은 바다 속에서 겨우 다시 발바닥에 단단한 땅이 밟히는 느낌…
3일을 뭉그러지고 다시 하루를 더 밍기적거린 끝에 마지막 500km를 달려 다시 처음 출발점, 푸조 소덱사 주차장에 차를 대고는 아쉬움과 홀가분함 속에 나의 애마 '로시'를 떠나 보내다.
100여일간 나의 발과 친구가 되어 주었고 나의 안전과 행운을 함께 했던, 또 어느 때 나를 구속하던 작은 기계덩어리가 이제 더 이상 나의 것이 아니게 되다.

다시 새로운 여행이 시작되다.
시작부터 쉽지 않다. 이것저것 구겨 넣은 캐리어는 바퀴가 빠지고 간만에 짊어진 배낭에 어깨가 주저 앉는다. 처음 시작하듯 적응이 필요하다.
이집트행 비행기표를 끊다. 비쌌지만 이것 저것 잴 여유가 없다. 여행 중에 떠나는 여행처럼 이제 나의 여행이 겨우 반환점을 돈 느낌이다.

처음 도착했던 날처럼 파리는 구부정한 날씨 속에 옷차림이 가벼워진 관광객들로 가득하다. 오후엔 수백명의 줄 속에서 1시간을 기다려 표를 끊고 오르세 뮤지엄에 들르다. 멋진 미술관과 모네, 마네, 고호, 고갱, 마티스, 세잔느, 로댕...
하지만 눈을 번뜩이게 하는 작품들 앞에서 난 조금 쉽게 지쳤다. 조금 쉬자… 내일 또 갈 길이 멀지 않은가.

기어이 빗방울이 떨어지다.
천둥소리가 멀리 꾸르릉 거리고 유람선 타러 나간 룸메이트가 우울하겠군...
파리는 아직 나를 허락하지 않는구나.

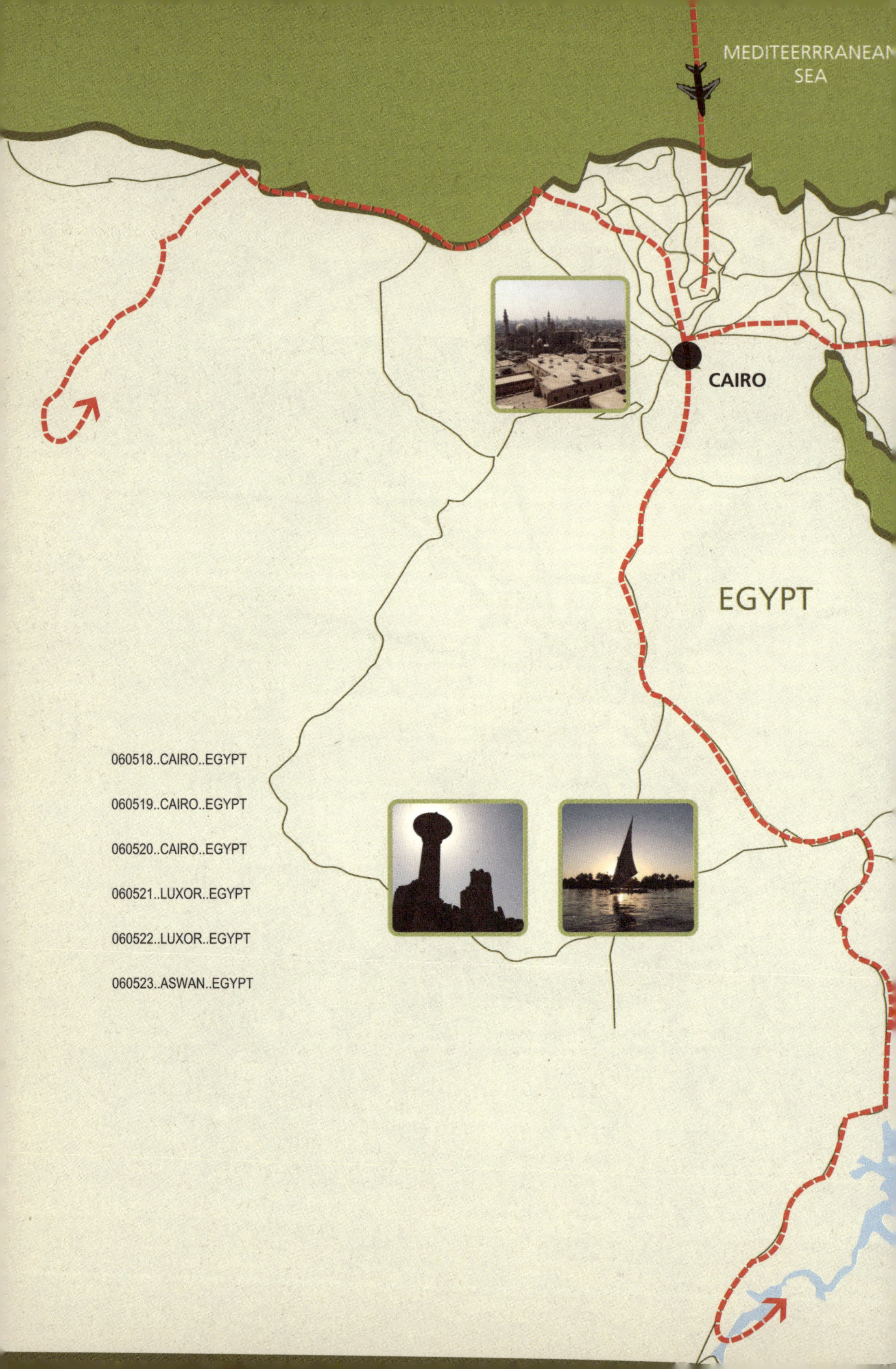
MEDITEERRRANEAN
SEA
CAIRO
EGYPT
060518..CAIRO..EGYPT
060519..CAIRO..EGYPT
060520..CAIRO..EGYPT
060521..LUXOR..EGYPT
060522..LUXOR..EGYPT
060523..ASWAN..EGYPT

180
00
mile
RDAN
SAUDI
ARABIA
RED SEA
SKETCHROAD
TOTHEWEST
18000MILE

EGYPT

카이로! 피라미드가 머리맡이다.

060518. CAIRO. EGYPT

설레임과 미지의 세계로의 두려움으로 가득한 공항...
공항에만 서면 행복하다던 친구 녀석을 떠올리며 오를리 공항에서 비행기를 기다리다.
그리고 언제나 서먹한 몇몇 절차를 통하고 비행기에 오르자 이내 움직이더니
꽝차~ 하고 무거운 기체를 밀어 올리고는 곧 아득한 구름 위다.

어색한 프렌치와 몇시간의 동석, 기내식 특유의 맛과 커피 한잔.
4시간 반은 그리 지루하지 않은 시간이다.
나는 아프리카로 향하고 있다....

카이로의 첫날 밤이다.
흥정에 실패하였으나 택시를 타고 공항을 빠져 나와 숙소까지 멋진 드라이빙으로 쉽게 도착하다.

방은 지저분하나 리셉션의 보이들이 친절하여 그리 나쁘진 않다.

1600만이 모여 사는 광활한 도시를 미친듯 질주하는 택시 속에서
말 없이 도시를 바라보다.
다시 미지의 땅 위에 선 여행자의 기분이 새삼 새롭다.
첫인상 치고는 나쁘지 않다.

공기가 후덥지근한 것이 더워진 대지가 아직 식지 않은 것 같다.
라운지 천장에 두근두근 선풍기가 돌고
카펫 바닥에 벽을 따라 쿠션을 에둘러 놓은 거실이 이슬람의 땅 카이로임을 말해준다.

아프리카의 첫날... 무엇이 나를 기다릴지...
작렬하는 태양과 모스크, 피라미드와 사막이 바로 머리맡이다.

대나무 밭과 같다. 숱한 기둥들이 태양을 한치한치 가리고
결국 칠흑의 어둠을 만들어 신을 만나는 공간을 이룬다.

060519. CAIRO. EGYPT

덥구나... 뜨겁구나. 이집트, 아프리카,
정오의 태양은 머리 꼭지에 올라서 방향을 가늠하는데 전혀 도움이 되질 않았다.

버글거리는 거리, 건물들은 태양에 단련된 듯 바짝 마른 잿빛이다.
그 사이로 미친듯, 끓는 용암이 흐르듯 질주하는 낡은 차들,
또 그 사이를 거리낌 없이 걷는 행인들...
그 광란의 거리를 여행자 모자를 쓰고 터벅거리며 걷다.

고고학 창고와 같은 이집트 뮤지엄.
걱정과는 달리 아직 여기엔 유물이 그득하여 주체를 못하는 지경이다.
수천년간 영생을 바랬던 그들...
과연 그들의 꿈은 이곳 창고와 같은 박물관에서의 영생이었을까?
태양 아래와는 달리 그늘 밑은 시간이 정지한 듯 고요하다.
종일 늙은 나무 그늘 밑에 앉아 문닫을 시간을 기다리는 터번을 쓴 여인...
가끔 울리는 핸드폰이 그녀가 깨어 있음을 말해줄 뿐이다.

햇빛아래서의 몇시간만에 어지럽다. 끊임없이 목이 마르고
마른 입김은 공기보다 뜨겁다.

퇴근 시간의 지하철은 찜통이고 땀 냄새로 가득하다.
적응 안된 몸을 이끌고 기차역에 가서 룩소르행 기차를 예약하다.
일단 외곽으로 나가고 싶다. 적응할 시간이 필요하다. 해가 떨어지자 살만 하다.
더운 샤워로 땀을 씻어내자 몸이 식어간다. 카펫이 깔린 라운지에는 영국 여자애들이 수상해 보이는 현지놈과 장기를 둔다. 말 그대로 그의 봉이다.

내일 빌릴 택시 값으로 150프랑을 부른다. 약간의 의심도 깎을 생각도 하지 않는 그녀들...
그녀들이 즐기는 법이다. 차라리 행복해 보이기까지 하군...

아직 결정하지 못하다. 혼자 갈까?
피라미드 보러 가는 길... 아무런 방해도 받고 싶지 않은 것이 사실이다.

피라미드, 그 0에 대하여...

060520. CAIRO. EGYPT.

긴 하루를 보내고 기차역에서 밤을 맞다.
여행 중 처음 하는 기차 여행이다.

알 수 없는 설레임과 낯설음이 가득한 기차역.
한 귀퉁이 카페에 자리 잡고 기차를 기다린다.

이른 아침부터 SAKKARA를 거쳐 DASHUR, 그리고 GIZA의 피라미드까지...
오스트렐리안, 잉글리쉬, 아메리칸까지... 4대륙에서 모인 여행객이 택시 한대를 빌려 타고는 20여기의 피라미드를 둘러보다.
전기가 나간 피라미드를 들락거린 통에 다리에 근육통이 생기다.
나일강과 카날을 따라 빽빽히 들어선 낡고 허름한 집들,
거리는 더럽고 당나귀와 낙타, 말이 끄는 짐수레로 혼잡하다.
이를 비집고 미친듯 달리는 늙은 차들, 정오의 거리는 팔딱거리는 물고기처럼 활력으로 번뜩인다. 잠깐 한눈을 팔면 바로 뒤통수에서 울리는 클랙션 연주가 하모니를 이룬다. 수로를 따라 난 거리를 조금만 벗어나 안쪽으로 들어가면 믿어지지 않게도 황량한 사막이 펼쳐지다. 그리곤 여지 없이 거대한 삼각형의 실루엣이 광막한 모래 언덕 위로 나타난다.

혼잡한 거리를 달리다 속도를 줄이자
광장의 상점들 너머로 불쑥 피라미드가 나타나다.

저걸 보기 위해 10년을 기다리고 30000km를 달려온 것에 비해
너무나 생뚱맞은 등장이다. 피라미드는 끝없이 펼쳐진 황량한 사막 한 가운데에 있는 것이 아니었던 모양이다. 아니면 피라미드까지 길이 생기고 관광객이 모이자
큰 도시가 이곳까지 딸려 왔는지...

아마도 그 당시엔 이곳이 사막이 아니었겠지. 야자수가 우거지고 기름진 옥터에서 작물이 자라고 나일에서 물고기가 뛰노는 살기 좋은 땅이었겠지.

아무런 형체도 자연의 질서마저도 쉽게 찾기 힘든 모래 언덕 너머에,
이전에도 이후에도 찾아보기 힘든, 저 거대한 형이상학적 기하의 덩어리들.
화성 표면에 착륙한 우주선처럼 이질적이다.

단순 명쾌한 순수함으로 시작한 서양건축이 어디까지 왔는지...
어디로 가고 있는지... 갑자기 엔트로피 법칙인가? 끝없이 분절하여 무질서해진건가?
결국 소멸하는 것일까?... 그리고 다시 0에서 시작해야 하는지...

LUXOR. 신전의 땅...

060521. LUXOR. EGYPT

불편한 잠자리에 밤새 뒤척이다. 새벽녘에 깨고는 다시 잠들지 못하다.
달리다 서다를 반복하던 기차는 서서히 밝아지는 나일강가를 따라
남쪽으로 한없이 내려가고 있다. 찌뿌둥한 몸에 다리 근육통이 더 심해져서 하루를 움직일 생각을 하니 의욕이 가신다.

기차역을 나서자 득달같이 달려드는 호텔 삐끼들, 결국 그 중에 한명을 따라 숙소를 잡다. GRAND HOTEL이라... 이름처럼 그랜드 하진 않았으나 비수기 가격에 깔끔한 더블 룸을 구하다. 태양은 벌써 중천에 떠서 대지를 달구고 있으나 겨우 8시 반이다.

창 밖을 내다보면 길을 나설 의욕이 꺾이고 말아 결국 늦은 아침을 챙겨 먹고 오전은 휴식이다. 이글거리는 거리를 걸어 룩소르 신전에 도착하다.
낯선... 인간형상의 조각과 기둥들이었으나 너무나 낯설다.
거대한 흉상들의 도열을 받으며 기둥 사이로 걸으면, 마치 아마존 깊은 밀림 속에서 길을 잃어 기괴하게 부푼 나무 사이를 걷는 기분이다.

버섯 머리처럼 부푼 주두와 2m는 족히 넘는 기둥, 어색한 포즈와 표정으로 기묘한 주술적 느낌을 주는 조상들의 도열. 기둥 반 공간 반의 깊은 콜로네이드를 지나 가장 깊은 방에 이르자 곧 침묵과 어둠만이 남다.

빛으로 모든 것들이 말라버리는 이곳에서 신을 위한 가장 특별한 공간은
칠흑 같은 어둠의 방이었던 모양이다.

오후 시간이 어정쩡하자 신전이 내려다 보이는 테라스에서 맥주 한잔을 들이키다.
5000년 전의 원형성이 주위와 어울리지 못하는 우둔한 바보처럼 쭈삣거리다.
그나마 남은 중정에는 이슬람 모스크가 지어지고
로마 성곽들이 주변을 갉아먹은 자리는 먼지만 날리고 있다.

나일강가를 어슬렁거리다 펠루카 삐끼들의 닥달에 못이기는 척 따라 나서
유유자적 나일강 뱃놀이를 하다.
바람을 가득 받은 거대한 돛이 팽팽해지자 물 위를 미끄러지는 느낌이 산뜻하다.
강변을 따라 야자수의 실루엣이 선명해지자 잔잔한 물결에 샛노란 황혼이 지다.
나일강의 황혼이라...
간만에 여유로운 관광객 기분을 만끽하며 팁도 후하게 주고는
어두워지는 거리를 걸어 숙소에 들어오다.

천장에서 둥둥 돌아가는 팬소리가 마치 지옥의 묵시록 월남의 호텔방 같은 느낌을 준다.
덥다. 여기는 북회귀선의 땅, 룩소르다.

060522. LUXOR. EGYPT

카르낙. 인간이 신의 권위를 빌어 거대한 신전을 짓다.
초월적 스케일의 기둥만큼이나 그들에게
신은 절대적이었을 것이다.

수백미터에 이르는 축을 따라 세시간 동안 기둥 숲을 헤매다.
건물 기둥이라기 보다는 원시 토템의 주술적인 힘을 갖는 거대한 석상에 가깝다.
빈틈없이 벽면에 조각된 문자와 신의 형상, 기둥의 장식과 채색,
원형적인 조상들의 표정과 자세에 이르기까지 모두 균질한 양식적 통일을 이루어
수천년 누적된 문명의 힘이 느껴지다.

점점 뜨거워 지는 태양과 관광객들의 소란을 피해
옆으로 난 작은 회랑을 통해 작은 신전 속에 숨어 들다.
주인을 잃은 작은 신전엔 관광객들의 발길도 끊어진 채 적막 속에
BABOON 한마리가 제단을 지키고 있다.
수천년 동안 우직하게 누구를 기다린 모양이다.

나일강을 건너 서쪽 사막 속의 왕들의 계곡에 이르다.
뜨거운 사막 속 단단한 바위산 계곡에 수십미터의 굴을 파고 들어가
영명을 바랐던 그들의 소망은 실패로 돌아갔다.
수천년간 그들의 전설을 따라 집요하게 그들의 묘를 좇던 무리들이
근처에 마을을 이루고 살고 이젠 모든 것이 까발려진채
뜨거운 조명과 관광객들의 거친 숨소리로 모든 꿈은 끝나고 말다.

그러자 뜨거운 태양으로 복수를 하는 모양이다.
굴 속에서 나오자 눈이 멀어버릴 듯
하얀 바위와 돌이 나의 그림자마저도 반사광으로 지워버릴 기세다.

겨우 몇 시간만에 신전과 왕의 계곡들을 둘러보고는 결국 일정을 끝내고 말다.
물 한병을 다 비웠으나 갈증이 가시지 않고
풀 한 포기 살수 없는 사막에선 호기심어린 관광객의 의욕도 곧 사그라들게 하다.

어두워지자 일찍 잠자리에 들었으나
도시는 오히려 활력이 생기는 모양이다.
골목에서 울리는 음악소리와 뛰노는 아이들,
주민들은 골목에 앉아 밤새 떠들어 댄다.

몸은 피곤하였으나 정신은 말똥말똥,
갖은 상념과 공상이 머리를 어지럽혀 밤새 뒤척이다 새벽녘에사 잠이 들다.

이집트의 끝, 아부심벨.

060523. ASWAN. EGYPT

한시간을 연착한 기차는 다시 3000여km를 더 내려와
오후 두시의 뜨거운 아스완에 도착하다.

아직 나의 감각으론 남쪽으로 '내려 왔으나'
이곳 사람들은 'Upper Egypt'로 올라 왔다고 말한다.
모든 것은 나일강을 기준으로 정해진다.
이곳은 나일강의 상류이니 강을 따라 올라 온 것이고
호텔도 집도 나일강과 얼마나 가까운가로 가격과 등급이 정해질 것이다.
나일강의 물로 살고 나일에서 목욕을 하고
나일강으로 관광객들이 찾아 온다.

문명 자체의 존재의 기준이며 현재도 역시 생존의 기본이다.
여타의 도시들이 강에서 시작하여 현재는 강으로부터 자유로워졌으나
이곳은 여전히 필연적인 것이다.

여행하기가 쉽지 않다.
일단은 덥고 이단은 이동의 자유 또한 매우 제한적이어서
거의 정해진 방식으로 제한된 시간에 움직여야 한다.

새벽 3시에 아부심벨로 출발하는 그룹투어 미니버스에 올라타
3시간이 넘도록 끝없는 사막으로 난 아스팔트를 쉼 없이 달려 아부심벨에 도착하다.
댐 건설로 수몰 지역을 벗어나 그대로 상류로 옮겨 놓은 거대석상은
풀 한 포기 나무 하나 없는 황무지와 바다 같은 인공 호수 옆에
덩그러니 놓여 하루 두차례 관광객들을 맞는다.
그리고는 나머지 대부분의 시간 동안,
수천년 동안 그랬듯이 또 죽은 듯이 빛과 그림자로 존재할 것이다.

이집트에서 외국인이 갈수 있는 가장 남쪽의 도시, 아부심벨.
그리고 일년에 두차례 빛이 들어온다는 석굴 사원의 가장 깊은
제단에 이르자 이로써 이집트 유적 기행은 끝이 난 것이다.

별이 빛나는 SIWA사막의 밤!

060604. SIWA. EGYPT

카이로에서 바로 기차를 타고 알렉산드리아, 다시 시화행 버스에 올라타
밤 11시 반에 도착하다.
동쪽 끝 다합에서 서쪽 끝 시화까지 27시간 걸린 셈이다.
대부분의 시간 동안 창밖의 풍경은 햇볕으로 노랗게 달궈진 황무지와 모래언덕 뿐이다.
나일강과 홍해에 의지한 도시를 지나 이젠 또 다른 물, 오아시스의 도시에 이른 것이다.

오아시스는 생각보다 커서 마을은 작은 읍 소재지 이상이다.
드넓게 펼쳐진 팜트리와 올리브 나무들,
그리고 잘 짜여진 관계수로엔 제법 풍족하게 신선한 물이 흐른다.
오아시스는 오랜 세월 동안 인간을 배신하지 않은 듯,
곳곳에 오래된 주거의 유적지와 암굴묘들이 산재되어 있다.
오전 중 자전거를 타고 시내를 둘러 보고
오후엔 드디어 사막 투어에 나서다.
젊어 고생은 사서 한다지만
그 뜨거운 사막을 헤매고 황무지 사막에서 노숙을 하는데
거금을 선뜻 내는 게 그들에겐 어떻게 보일지...

허나 늙은 도요타 트럭이 포장도로를 벗어나 모래 언덕을 질주할 땐 흥분하지 않을 수 없었다.

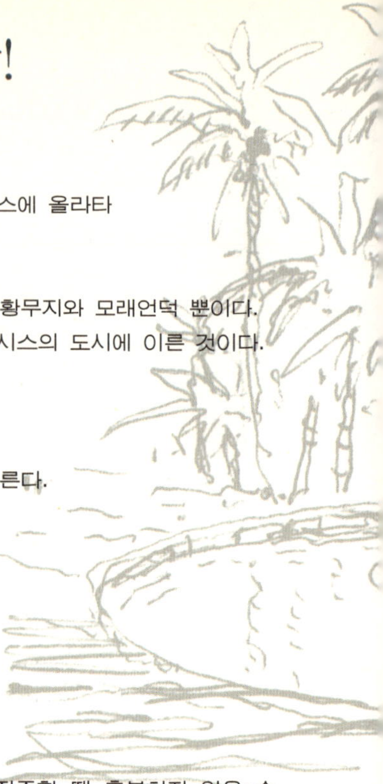

마치 롤러코스터를 타는 듯, 모래 언덕을 매끄럽게 타고 넘자
곧 문명의 흔적은 시야에서 사라지고 온통 눈부신 모래 언덕들이
광활하게 펼쳐져 오히려 두려움마저 일다.

한참을 말 없이 바라보다 차가 언덕 위에서 멈춰 서자
암스트롱이 달에 첫발을 내딛듯 감격스럽게 사막에 착지하다.

뜨겁고 부드럽다. 거센 모래바람이 모래를 날려 발을 간지럽힌다.
마을로부터 겨우 수 km 나왔을 뿐이었으나 저 차가 도망가버린다면
나는 곧 우주의 미아가 되버릴 것 같다.

한참을 다시 달려 작은 오아시스 옆 오두막에 도착해 여장을 풀다.
모래 바람이 더 거세져 눈, 코, 입 뚫린 구멍으로 모래가 끊임 없이 들어와
오두막 안에 몸을 숨기면 좀 살 것 같다. 말 그대로 Shelter인 것이다.

샤워는 모래 먼지로 가득하여 기대했던 사막에서의 선셋은 포기하고
따라온 보이가 만든 저녁을 챙겨 먹자 곧 어두워지고 바람이 자다.

자정에 가까워지자 달이 밝아 선명한 그림자를 밟으며
오두막이 보이지 않을 때까지 모래 언덕을 걷다.

한참을 걸어 사방이 모두 모래밭이 되었을 때 결국 지구 위에서 혼자가 된 기분이다.

여행을 떠나온지 정확히 4개월 되는 날…
난 그들로부터 그곳으로부터 가장 멀리까지 온 것이다.

이제 돌아갈 때가 되었는가…
이제 그들을, 그곳을, 다시 사랑할 수 있는가…

돌아와 오두막 옆 모래밭에 불을 피우고 감자를 구워 먹고는
매트리스를 깔고 누워 동행 캐나디언과 두런두런 수다를 떨다.

밤이 깊어지고 달이 사라지자 쏟아질 듯 선명해지는 별들을 바라보다 잠이 들다.

멀리서 개 짖는 소리가 흥을 깼으나 이만하면 더없이 기대 충족이다.

여행의 끝, 그리고 다시 일상…

000000, SEOUL. KOREA

돌아오는 길은 지루하기 그지 없었다.
사막을 떠나 다시 카이로로, 비행기를 타고 다시 파리로 돌아오는 길은
마치 무인도에서 3년 살다가 다시 문명의 번화가에 선 톰 행크스처럼 정신이 없었다.
서울로 돌아가는 시간까지는 열흘이 더 남아 있었으나 남은 시간엔 오히려 지겨움에 몸을 비틀어 댔다.

그렇게 여행은 끝났다. 약 140일간 30,000여km를 돌고 결혼자금으로 모아둔 돈 천여만원을 썼다.

그리고 다시 예정된 날 정확히 복직을 했다. 백문기 부사장님의 노발대발하시던 목소리가 아직도 생생하다. 하지만 한시간 동안의 역정 뒤에 '그래, 어디 어디 갔었냐?' 하시던 말씀에 진심이 더 느껴졌다.

다시 일을 하게 되고 다시 사람을 만나고 싸우고 사랑하고 좌절하고 또 화를 내며... 여행의 추억은 반복되는 일상 속으로 희미해져 간다.

그 사이 많은 일들이 있었다. 회사는 많은 사람들이 떠나고 또 그만큼 새로운 사람들이 들어왔다.
스쳐 지나가는 수많은 인연들... 그 중 좋은 사람도 만나서 사랑도 하게 되었다.
그리고 나도 정든 첫 직장을 떠나 새로운 곳에서 다시 시작하고 있다.

다시 여행을 기록하자.
이번 여행은 서울의 어느 사무실, 거친 상사와 야생의 후배, 그리고 어이없는 프로젝트의 현실이 주제다.
어느 풍경 못지않는 다이나믹한 스케치 한장이 나올 듯 하다.
기대하시라. 두둥!

...070622.

Epilogue...

끝나지 않은 여행에 대하여

새벽부터 서둘러서 아침 첫 기차를 타고 달리기를 서너 시간… 낯선 간이역에 덩그러니 내려선 나에게 작은 이정표만이 갈 곳을 일러준다. 롱샹 성당에 이르는 길이다.
건축에 입문하면서부터 거의 신처럼 불리던 르 꼬르뷔제. 그의 대표작에 이르는 길에 선 것이다. 그 아름다운 산길을 오르며 느꼈던 두근거림을 잊지 못한다.
얼마나 간절히 원했던가! 그 총천연색의 스테인드 글라스가 빛나는 절대공간 안에서의 순간을...
허나 막상 그곳에 이르렀을 때 내가 할 수 있는 것이라곤 사진 몇장 찍는 것 밖엔 없었던 것이다.

결국 주섬주섬 노트를 꺼내 들고 한 귀퉁이에 쪼그리고 앉아 아기가 첫 걸음마를 떼듯 조심스레 형태와 비례를 좇는다. 나의 눈과 손이 그 정제된 절대공간에 조금이라도 단련되어지기를, 마치 성수에 손을 담그는 종교자의 마음처럼 그렇게 두세 시간을 보내었다.

아마도 그것이 시작이었을 것이다. 나의 머리가 잊어버리는 것들을 나의 마디 마디 근육들이 기억해주길 간절히 바랬는지도 모른다.

'왜 스케치를 해? 사진기도 좋은 거 있구만?' 이라고 묻는 친구에게 스스로 답해 본다.

스케치는 할 수록 늘어가는 즐거움을 주었고 어느 순간엔 건방진 선과 기교에 심취한 적도 있었다.
허나 어떤 절대적인 것들은 결국 나를 무너뜨리고 한없이 겸허해지게 만들었다.
파르테논 앞에 섰을 때는 다시 한땀 한땀 점을 찍듯 좇을 수 밖에 없었던 것이다.

스케치는 회화의 밑작업으로, 건축에서는 건축가의 의지를 표현하기 위한 유용한 도구로 간주되기도 한다. 허나 도구로서의 회화와 사진이 순수예술로서 독립을 이루었듯, 스케치도 수단과 도구로서의 사명에서 벗어나 순수한 목적 자체로 존재하는 순간을 믿는다.

따라서 이 작업은 여행의 기록으로서의 스케치일 뿐만 아니라 스케치를 위한 기나긴 노정이었다고도 말할 수 있다.

아직 나의 길이 멀어서 스타일과 기교가 들쭉날쭉하고 완성도 또한 졸박하나 이것 또한 여행의 기록으로서의 현장성이라 생각하여 가감 없이 옮긴다.

긴 여정을 따라 조금씩 성장해가는 스케치의 기쁨이 한장 한장 페이지를 넘기는 독자에게도 느껴지기를 바란다.
또한 계속되는 나의 스케치 여정을 애정 어린 시선으로 지켜봐 주길 부탁드린다.

2009. 04 01 전 봉진

PARTENON 060323,

감히 도면을 들지 못하고 보는으로 밖에...., 그러나 그마저도
형상을 쫓느라 급급하니 제대로 이루지 못하다,
태양은 모든 것을 불사를 정도로 뜨겁다....

전봉진

bunker24@hanmail.net

http://blog.naver.com/bunker24

1995년 고려대학교 건축공학과에 입학.
그림 동아리 「아키아트」에서 그림을 배우다.

1996년 겨울 군대 가기 전 「토지」를 싸들고 섬진강으로 무전 여행하다.
낮에는 눈 내리는 강가를 걷고 밤에는 7000원짜리 여인숙에서 「토지」를 읽다.
'객창한등'의 의미를 깨닫다.

1999년 일본에서 연수중인 후배를 핑계로 첫 해외여행을 시도하다.
처음이자 마지막 기회라고 생각하고 단수여권 신청.
안도 다다오를 찾아 3주 고행하다.

2002년 노가다 4개월 한 돈으로 유럽 배낭 여행하다.
분에 넘치는 기회라 생각하여 발바닥이 갈라지도록 뛰어다니느라
여행의 즐거움을 느낄 여유조차 없었다.

2003년 정림건축 입사.

2006년 휴직.
꿈에 그리던 지중해권 5개월, 30,000km 여행하다....그리고 복직.

2008년 회사에서 여비 절반 지원이라는 핑계로 중국 상하이 3박4일 관광하다.

2009년 위무위 건축으로 이직.
초심으로 돌아가 벽돌 쌓는 법과 돌 나누는 법부터 다시 수련중이며
또 다른 꿍꿍이를 모색 중이다.

스케치로드 18,000마일_서쪽으로 떠나는 건축 스케치 기행

Sketch Road 18,000mile

5F, 200 Hyeonjeo-dong, Seodaemun-gu, Seoul, Korea
T. 82 0 3147-1212 F. 82 2 3147-2626

ISBN 978-89-5592-125-0

Print in Korea
www.spacetime.co.kr | spacetime@korea.com

1판 발행일 2009년 5월 1일

지은이_전봉진

발행인_김기현
디자인_이순학 · 박무선
캘리그라피_이선영 www.heare.co.kr
등 록_1993. 3. 12일
주 소_(120-796) 서울시 서대문구 현저동 200 극동 5층
전 화_02 3147 1212 · 2323
전 송_02 3147 2626
ISBN_978-89-5592-125-0

정 가 12,000원